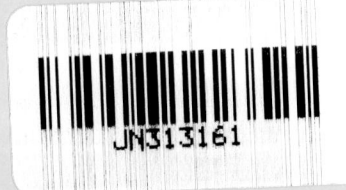

# フトアゴヒゲトカゲと暮らす本

愛のフトアゴ暮らし推進委員会／編
撮影／大美賀 隆

エムピージェー

## はじめに

フトアゴヒゲトカゲ、ちょっと言いづらい名前ですが、爬虫類ファンの間では「フトアゴ」という名前で呼ばれる、オーストラリア原産のトカゲです。このフトアゴ、近年とても人気が高く、飼育者がどんどん増えているようです。しかも女性やファミリーが飼うケースが多いとか。いったいなぜ？犬や猫に比べると決してかわいい外見ではないし、愛想がいいわけでもなく…。

その理由のひとつが、見た目と生態のギャップにあるかもしれません。ちょっと見は恐竜のような怖い顔をしていますが、首をかしげてこちらを見たり、気持ちよさそうにうたた寝したりと、時折垣間見せる表情がかわいらしいのです。また、痛そうなトゲも実は柔らかかったりして、「な～んだ、怖くないよ」となるわけです。おまぬけな行動も度々…。どこか放っておけない存在なのです。

本書では、これからフトアゴを飼ってみたいという人に向けて飼育方法をまとめ、繁殖や病気に関する情報も盛り込んでいます。また、すでにフトアゴとの暮らしを楽しんでいる方々にもご登場いただき、その魅力を伺うとともに、飼育のコツを教えていただきました。ぜひ参考にしてみてください。

フトゴアは犬や猫と同じように、家族として付き合える生き物だと思います。しかも長寿ですから、これから長い間、あなたの良きパートナーになることでしょう。本書がフトアゴとの暮らしを望む、あなたのお役に立てれば幸いです。

愛のフトアゴ暮らし推進委員会

# CONTENTS

Futage Profile

## フトアゴヒゲトカゲの

# プロフィール

多くのファンに愛されているフトアゴヒゲトカゲ。飼いやすく、人によく馴れ、温和で長寿などなど、魅力がたくさん。多くの飼い主さんが、ペットというより「家族」の一員として迎え入れているのが印象的。そんなフトアゴの魅力を紹介しましょう

### フトアゴヒゲトカゲ

- 学名：*Pogona vitticeps*
- 英名：Central bearded dragon<br>Inland bearded dragon
- 分布：オーストラリア中央部～南東部
- 全長：最大約 50cm（尾の先端まで）
- 寿命：飼育下では 10 ～ 15 年

## 豪州の乾燥地帯出身

いわずもがな、フトアゴは爬虫類。アガマ科のトカゲで、日本にも分布しているキノボリトカゲの仲間などが同科の近縁種です。

フトアゴの自然分布はオーストラリアの中央部～南東部で、現地は乾燥した砂漠～岩礁地帯です。しかし、オーストラリアからは野生の動物がペットとして輸出されることはなく、この地から野生個体が流通することはありません。

現在ペットショップで見られるのは、国内外でブリーディング（繁殖）された個体です。フトアゴはブリーディングされて長い期間が経っているため、野生個体に特有のクセがなく、より飼いやすいと言われています。

## 手頃なサイズで長寿

フトアゴはオスの方が大きくなり、成体のオスでは全長が50センチほどになります。しかし全長の半分ほどは尾が占め、サイズほど大きな印象は受けません。人間の胸や肩に乗せると、しっくりするほどです。

爬虫類は長く生きる種類が多数知られていますが、フトアゴもなかなかの長寿命。環境の良い飼育下では、10～15年も生きるとされ、これは犬や猫と同じくらいの寿命と言えます。長く家族のように付き合える存在、それがフトアゴなのです。

## 怖そうで、硬そうに見えて…

恐竜のような面構えに、鋭いトゲが並ぶ、いかにも強暴そうな風貌。ですが、トゲは触ってみるとけっこう柔らかいのがわかります。あらら、なんちゃって、なんですね（笑）。顔も怖そうに見えますが、瞳はつぶらで、首をかしげるしぐさはラブリ～。性格も穏やかな個体が多く、とても飼育に適している爬虫類と言えるでしょう。

## 近年人気が上昇！ 犬、猫、フトアゴの時代到来!?

爬虫類は清潔に飼育していれば、臭いがほとんどなく、また鳴かないことなどから、最近ではペットとしての評価が高くなっています。特にペット禁止のマンションの住人や、アレルギーで犬や猫が飼えないという人からも支持を集めています。

なかでもフトアゴは「飼いやすい」「積極的にスキンシップができる」という点で他の爬虫類をリードしています。ペットといえば「犬、猫、フトアゴ」という時代も近いかもしれません。そんな魅力的なフトアゴを、ぜひ家族として迎え入れてみましょう。

# フトアゴヒゲトカゲの
# 体のつくり

フトアゴヒゲトカゲは爬虫類、トカゲの仲間。各部位、器官の名称や役割を理解しておくと、フトアゴのことをより深く知ることができ、さらに飼育に役立つことも多いでしょう

**●前足**
体を支える前足は、がっしりしていて筋肉質

**●後ろ足**
外側から2番目の指が著しく長いのが特徴です

**●総排泄腔《そうはいせつこう》**
ここから糞を排泄。内部には生殖器があります

**●尾**
およそ体の倍から1.5倍の長さがあります。緊張すると上側に反ります

**●爪**
各指には黒〜透き通った爪が生えています

Body Parts

●舌
餌を捕獲する他、感覚器官の役割もあります

●鼻
目が良いため、ヘビのような嗅覚の鋭さはないようです

●下アゴ
アゴヒゲの名称通り、下アゴには棘状の鱗が密生しています

●口
敵を威嚇する時や、体温が上がりすぎた時などに開くことがあります

●目
目がとても良く、動くものに素早く反応します。まぶたと瞬膜（しゅんまく）で眼球を覆います

眼球が瞬膜で覆われた状態

●耳
けっこう耳も良く、音に反応するようです

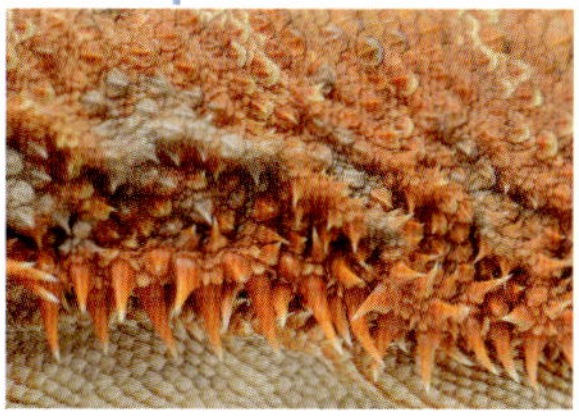

●鱗
体は細かい鱗に覆われ、体側には棘状の鱗が密に並びます。棘状の鱗は意外と柔らかいのも特徴です

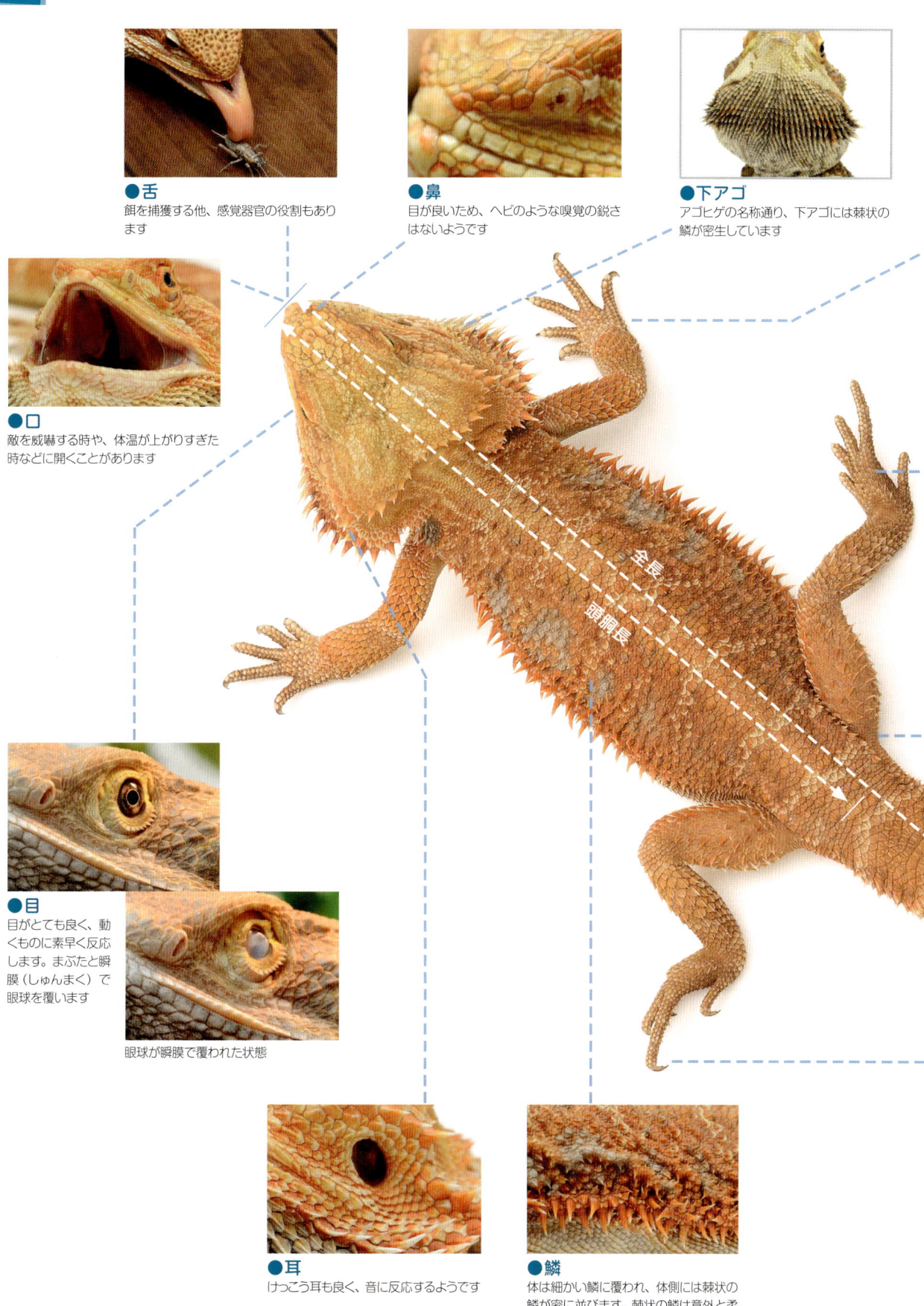

フトアゴヒゲトカゲのしぐさと生態

# キュートなしぐさには理由《ワケ》がある!?

フトアゴファンの多くが、その愛らしいしぐさにハートを射抜かれて…、いわゆる「やられてしまった」状態に陥るわけです（笑）。そのしぐさですが、実は理由あっての行動だったりするわけで、ここでは彼らのしぐさと、その理由について紹介しましょう

## 「ん？ なに？ 何？」首かしげのポーズ

フトアゴのラブリーなポーズといえば、やはり首を傾けるポーズではないでしょうか。首をかしげた状態で、目が合ったりしたら、も～♥ フトアゴは目が良いので、部屋に飛んでいる虫か何かを見ていることもあるようですね。まるで猫です（笑）

何かくれるのかな??

ベビーの頃から、かしげます

## 機嫌が悪いんだぞ～～！ 怒りのフトアゴ

表情が豊かなフトアゴ。彼らの感情（?）が最もわかりやすいのが、機嫌が悪いとき。ぶすっとしたり、イライラしたり、もっと機嫌が悪いと、口を開けたり喉元を広げて威嚇したりと、表現の仕方は様々。よく馴れたフトアゴは、飼育者にはあまり威嚇はしませんが、するようなら、かなり機嫌が悪いのでしょう

どうだ！ 俺のアゴ立派だろ～

クワ～ッ
来るなよ
こっち来るなよ～

もう少しで
一皮むけた男になれそう!?

## 度々、生まれ変わるんです
## 脱皮

爬虫類は成長過程で、脱皮をする生き物。その形態は様々で、ヘビのように、きれいな形で脱皮殻が残るものもいます。フトアゴの場合は、ヘビほどではありませんが、けっこうパーツごとにきれいにむけます。この脱皮殻を、記録として保管している飼育者も、けっこういるようですよ

上が頭部、左が足、
右が鼻の穴…。
財布の中に入れたら、
ご利益あるかな?

## サインを発することもあるよ
## 尻尾

フトアゴの尾は長く、体の1〜1.5倍ほどの長さがあります。そのためか全体のシルエットが洗練されて見え、格好良い姿形をしていると感じます。尾は個体の状態を表現する際にも使われます。上に向かって先端をくるっと持ち上げている時は、緊張していたり、周囲を警戒しているとされています

尾を上げて、警戒中!

くるりんと巻いてますが〜
これは緊張のサイン

## ぐるぐるぐる〜っと足回し
## アームウェービング

フトアゴを飼育していると、足をぐるぐると回すしぐさを見ることがあります。これはアームウェービングと呼ばれる行動。実際にはアーム(腕)ではなく足ですが。他の個体に対するサインだとされていて、自分を同種だと認めさせる、攻撃しないで、といった意味があるようです

どうやら、先生の質問に
挙手しているわけでないらしいぞ

# フトアゴの魅力

爬虫類という枠を跳び越え、最近では「ペットとしてのフトアゴ」という立ち位置が確立してきましたが、そこにはいったいどんな秘密があるのでしょうか？　ここでは彼らのペットとしての魅力を取り上げてみます

この子は黄色が強い個体。淡い色の子は、表情がやさしい印象を受けます

赤みが強い個体。この子はメスで、頭部が小さく穏やかな表情をしています

Best friend

# お気に入りの1匹を探す

どのような買い方、飼い方をするかは自由なのですが、もし初めてフトアゴを飼うなら、まずは1匹から初めてみましょう。フトアゴは個体によって性格が異なるので、ショップの店員さんと相談しながら、お気に入りの子を見つけるのがおすすめ。またフトアゴは色彩や模様のバリエーションが豊富（詳しくはP16からの品種紹介のページを参照）。どんな色にするかは、直感で決めるのもいいですが、とことん迷って悩んで決めるのも、けっこう楽しいものです。でも、成長に従って色彩や模様は変化することもあるので、それは承知しておきましょう

## 模様も個性的！

ベビーでも、みんな模様が違います。模様や色彩は成長に従って変化することがあり、ますます我が子の成長が楽しみになりますね

これはレザーバックという、ちょっと変わった品種。棘が少ないのが特徴で、かなり個性的ですね

フトアゴの一般的な飼育シーン。複雑なシステムは必要としませんが、温度管理は重要です（詳しくはP30からの飼育のページを参照）

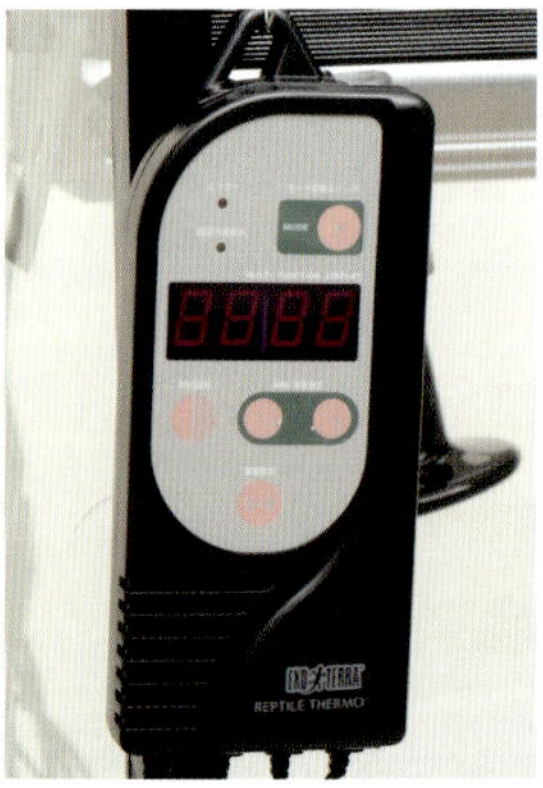


▲最近では、温度管理には専用の電子式サーモスタットを利用するのが一般的。外出する機会が多い飼い主さんには、おすすめというか、使ったほうがいいでしょう。写真は「爬虫類サーモ」（ジェックス）

◀夜間も一定温度を維持するため、保温球を使います。写真は点灯時にムーディな青い光を放つ「レプロナイトスポットランプ」

Easy Keeping

# 飼いやすい

姿やしぐさの魅力もさることながら、飼いやすいというのも、フトアゴの大きな特徴のひとつ。ここにフトアゴを人気者にした秘密が隠されているとも言えます。その大きな支えになっているのが、飼育器具の充実です。各メーカーからフトアゴ飼育に適した器具が販売されており、それらを上手に利用すれば、フトアゴとの生活も充実したものになるでしょう

## 野菜が大好き！

フトアゴは葉野菜好き。あまり水を飲まないため、野菜からの水分補給がとても大切なのです。人工フードと一緒に与えると、栄養のバランスも良いでしょう

Good appetite

# よく食べる

ペットの飼育で、何が楽しいかと考えると、食事は外せないでしょう。フトアゴは食欲旺盛。元気でモリモリ食べてくれると、こちらも元気になりますよ。しかし、フトアゴはコオロギやワームなどの昆虫も大好き。特にベビーの頃は、昆虫が欠かせません。ファンの中には、愛するフトアゴのために、虫を克服した女性がけっこういます。愛の力は苦手意識さえも克服するのです！

## 人工フードも大好き！

人工フードの利点は、栄養のバランスが良いこと。もちろんこれだけでは物足りないため、野菜や昆虫と併用しましょう

## 昆虫はかなり好き！

フトアゴはコオロギやワーム類などの昆虫が大好きです。昆虫を見せると、目の色が変わり、落ち着かなくなります（笑）

ベビーの頃から人とのスキンシップを体験していれば、アダルトになるころには、こんな表情も見せるようになります

試験勉強の合間にふれ合うことで、とっても癒されるという、高校生の乙部優太さんと「パンサー」。良き相棒という存在

Handling

# ふれ合う

ここまでに様々な魅力を紹介してきましたが、多くのファンに支持されているのが、ハンドリングできるということでしょう。ハンドリングとは、「ふれ合う」ことで、フトアゴとはスキンシップが可能なのです。ベビーの頃から馴らせば、飼育者が手を差し出すと、自ら乗ってくるようにもなります。なかには声掛けに反応して肩まで登ってくるなんていう、ベタ馴れのフトアゴもいるほど。ハンドリングせずにワイルドに飼うのも自然で悪くはありませんが、それではペットしてのフトアゴの魅力は半減でしょう

飼い主の腕に乗せてケージの外に出すことを覚えさせると、ハンドリングもしやすくなります。写真は、高垣若菜さんと、ベタ馴れの「ヒー」

フトアゴは人間の胸や肩に乗せると、じっとおとなしくしていることが多いようです。馴れた個体は、その状態で寝てしまうことも。写真は、大好きな「トゲ」を抱っこする野田結衣ちゃん。毎日のようにスキンシップしています

# フトアゴヒゲトカゲの
# バラエティー
## ～あなたはどのフトアゴが好き？～

写真／冨水 明
Akira Tomimizu

人気者のフトアゴは国内外で広くブリーディングされており、赤みの強いものや黄色みの強いものなど、色彩に差が見られます。それらを選別交配することで色彩をより強調したものも作出され、また、交配の過程で色素が減退したものや、鱗が変化したものなど、様々なバリエーションが誕生しています。ここでは、爬虫類の飼育情報誌「ビバリウムガイド No.57」で掲載されたものを再編集して紹介しましょう。色彩の際立った個体は稀少性が高く、流通量も少ないため、入手は難しいこともあります。入手するには、爬虫類専門ショップに相談してみましょう。

一目見て、その赤さに目が奪われます。赤系は人気が高く、多くのファンに愛されています

赤っぽい個体から、かなり赤い個体まで色彩の濃度は様々。赤みを強調するために選別交配されたものは、ブラッディレッドやグローリーレッドなどの商品名で流通することがあります

# 赤 Red 系

ハイポ系（P19 参照）の血が入っている赤系の個体で、赤はどぎつくなく、ライトな発色を見せます

とても赤みの強いベビー。このサイズでこの発色なら、将来は美しい成体になる可能性が高いと思われます

今回度々登場しているモデル個体。この子は選別交配された個体ではありませんが赤みが強く、美しい色彩をしています (Photo/ T.Omika)

# 黄色系

Yellow

選別交配で作られ、血統によってレモン、アイス、シトロンなどの商品名で流通します。選別交配されたものは赤系などに比べると流通量が極端に少なく、入手は難しいようです

鮮やかな黄色に輝く個体は、赤系とはまったく違った印象を受けます

Yellow

選別交配された個体ではなくても、黄色みの強い個体は鮮やかで、目を引く美しさを持っています (Photo/ T.Omika)

# オレンジ系

Orange

その名の通りオレンジ色に発色する個体で、レッドゴールドという名称もあります。体の模様が黄色くなるとサンバーストという名称で呼ばれることがあります

Orange

オレンジ色は美しく人気がありそうな色彩ですが、常に見られる色彩ではありません

## 基本色
Standard

フトアゴの基本的な色彩は灰褐色で、野性的な雰囲気を醸し出しています。最近は派手な色彩に押されて流通量は少なめのようですが、ワイルドさが感じられることから、根強い人気があるのもまた事実です

一見地味な印象ですが、ワイルド志向のファンにはたまらない色彩でしょう。玄人好みの色彩でもあります

Standard

ふてぶてしいというか、堂々とした印象は基本色ならでは
(Photo/ T.Omika)

## ハイポ
Hypomelanistic

ハイポとはハイポメラニスティックの略で、黒色色素が減退した個体を指します。爪には黒色色素がないか、または黒い筋が残るのが特徴で、そこからクリアネイルという名称でも呼ばれます

交配により各色彩でハイポの血が入った個体が存在しますが、いずれも爪は透明感が強いのが特徴です

Hypomelanistic

これはハイポの系統のパステルというバラエティー。爪に黒い筋が残ります

# リューシスティック

**Leucistic**

リューシスティックとは体が白く目は黒い、いわゆる白化個体のことを指します。しかしフトアゴの場合は模様が残ることがあり、純然たるリューシスティックであるかどうかは検証が必要なようです

Leucistic

その血筋はどうあれ、淡い色彩がやさしく繊細な印象を与えます

なめらかな背部と体側のトゲ状鱗が少ないため、
他の個体よりも柔和な印象を受けます

# レザーバック

**Leatherback**

「革の背中」という名が付けられた個体。背部の鱗がヤスリ状でなめらか、さらに体側のトゲ状の鱗が少ないという特徴があります

Leatherback

体側のトゲ状鱗がほとんどないヤングアダルト。
ツルツルです

# トランスルーセント

**Translucent**

トランスルーセントとは「半透明」という意味で、略してトランスとも呼ばれます。黒目が特徴で、最近では通常の目の個体も見られるようになっているようです

Translucent

黒目が特徴のトランス。
皮膚には透明感があり、
幻想的なフトアゴです

## レザーバック＆トランスルーセント

Leatherback & Translucent

交配により作られた、レザーバックとトランスルーセント両方の特徴を備えた個体。背部のなめらかさと皮膚の透明感が相まった絶妙な美しさを見せてくれます

この子はレザーバックでトランスルーセントのハイポという個体。白系の色彩が美しい

Leatherback & Translucent

この子もレザーバックでトランスルーセントのハイポですが、こちらは赤みが強く、白系とはだいぶ違った印象（Photo/ T.Omika）

## シルクバック

Silkback

レザーバック同士の交配により作出された個体で、皮膚はより薄く、その名の通りシルクのような触感をしています

Silkback

皮膚はモチモチたぷたぷで、他のフトアゴとは明らかに異質でユニークです

### フトアゴの仲間たち

オーストラリアには、フトアゴとは異なる別種のアゴヒゲトカゲが住んでいます。海外でブリーディングされたものが流通しますが、個体数はとても少なく稀少です。ここでは参考として一部の種類を紹介します

ヒガシアゴヒゲトカゲとして入荷した個体。体側のトゲが密生してワイルド感たっぷりです

ランキンズドラゴン。ローソンアゴヒゲの名称もあります。体に丸みがあります

ミッチェルアゴヒゲトカゲ。小型種で流通量は少ないようです

Futoago Family

Lovely
フトアゴ生活
愛好家訪問1

福本真《ま》実《み》さん

# 家にやってきた天使「ぽん」のための工夫がキラリ!

ベビーの頃から脚が曲がっていたフトアゴ。それを承知で迎え入れた福本さん。愛情たっぷりの飼育の工夫が光ります

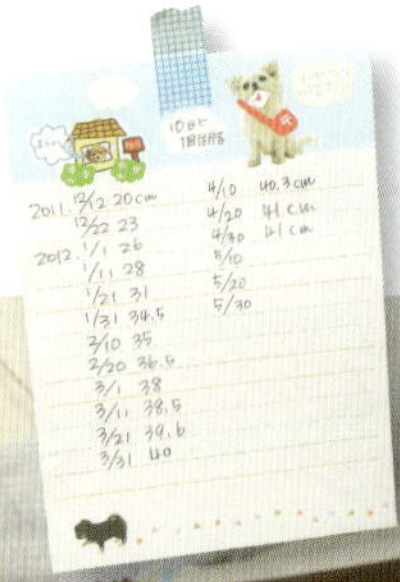

体長測定を定期的に記録。購入後から10日ごとの全長が記されていて、「ぽん」の貴重な成長記録となっています

日ごろからスキンシップしているため、「ぽん」もよく馴れていますね。「ヒョウモンに比べると手がかかるけど、そこがいいんです」と福本さん。時々こんな感じで「ぽん」を肩に乗せて、掃除機でケージ内を掃除しています

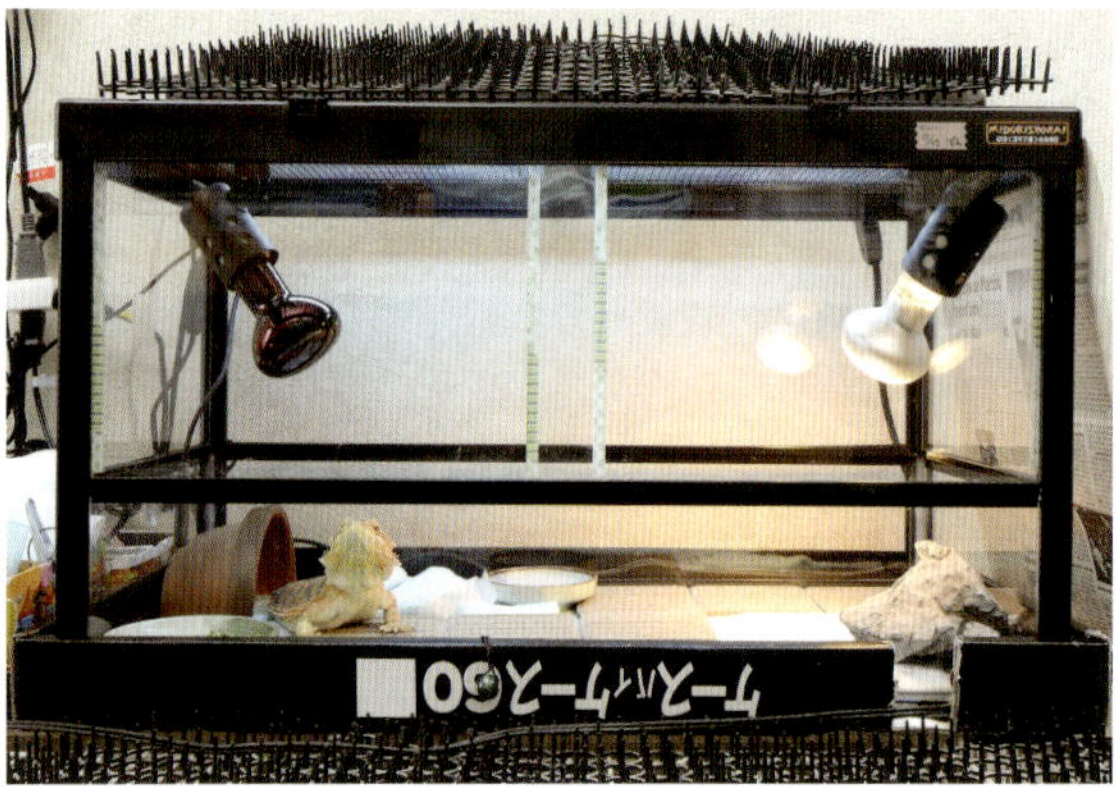

「ぽん」の家には、「ケースバイケース」の60Mサイズを使用。保温球とバスキングランプは一般的な組み合わせで、サーモスタットで管理。ケージの上部と周囲にあるトゲ状のマットは、インコの「シロ」がケージに乗ってしまうのを防ぐためのもの

## 健康は食から野菜を自家栽培

フトアゴのために、きめ細やかな、愛情あふれるケアをしている福本真実さん。フトアゴに片思いし続け、ようやく家族となったのが愛しの「ぽん」です。福本さんの1日は、「ぽん」の朝食作りから始まります。まだ1歳未満の「ぽん」ですが、すでに全長は41センチで、風格はもはやアダルト。野菜と、水でふやかした幼体用フトアゴフードを5粒、それにミカンやリンゴなどの果物をごく少量、これが朝のメニュー。特に野菜は「ぽん」の餌用に自家栽培した無農薬! ベランダには各種野菜が植えられたプランターが並んでいます。

「ぽん」が来てからは、朝食作り

ゴハンだよ~
あっ！
コオロギ!!

夕方の餌やりタイム。空き瓶の中でカルシウム剤をまぶしたコオロギを見せると、「ぽん」は急にそわそわしだしましたよ

はやく、
はやくっ

コオロギはピンセットでつまんで与えます。餌やりタイムは、貴重なふれ合いの時間

ぐわっ、
待ちきれないよ~

元気な個体は食欲が旺盛。もちろん与えすぎのないように、コントロールしています

MAMI FUKUMOTO

## 女性目線の工夫がキラリ！

元気の源は良質な食事ということで、コオロギを健康にキープし、一部の野菜を自家栽培。ペットシーツを裁断して床材にしたり、夜間はケージに目隠しと、「ぽん」のことを考えた工夫が満載です

野菜は葉大根やチンゲンサイ、コマツナ、ミズナ、ニンジンなどが主で、その多くをベランダで自家栽培しています。もちろん無農薬で安全です

ペットシーツを押さえるために、薄いブロックを使用

ペットシーツは各サイズにカットして、ケージの底に敷き詰めます

温浴用の容器は、「ぽん」が成長したため大きなものに交換しました

19時以降は、ゆっくり休めるようにケージの周囲を段ボール等で目隠し

緊急時に備え、コオロギは使い切らずに必ずストック。大きな容器に立体的な隠れ家を作り、水を含んだガーゼで給水することで、コオロギが死にづらくなりました

のために20分早く起きるようになったとか。朝食の時間は6時半から7時の間で、食べ残した野菜はいつでも食べられるように日中はそのままにしておき、夕方に取り出します。

福本さんは仕事の関係で夕方早めに帰宅でき、帰宅後の16時くらいには夕食を与えます。夕食はカルシウム剤をまぶしたコオロギで、Mサイズ12~13匹を平らげます。そして17時には食事が完了。その後は消化時間を確保するため2時間は保温球を点灯し、19時に消灯となります。

## 毎日のことだから トイレにひと工夫を

日常の管理は、餌と糞の掃除がメインになります。糞をした後は、床材の犬猫用ペットシーツを交換しますが、ここにもポイントが。ペットシーツは、小さくカットして使用しています。「毎回大きなシーツを交換するのは不経済ですよね。カットした小さいシーツを敷き詰めておけば、糞をした場所だけ交換すればいいので経済的です」と福本さん。

シーツの中には凝固剤が入っているので、これが残らないようにカットしたものを、パズルの要領でケージの底に敷き詰めています。この方法の利点は、糞をした場所のシーツ

## 福本さんのフトアゴ飼育データ

| | |
|---|---|
| フトアゴ飼育歴 | 約４ヵ月 |
| 個体の名前／年齢／性別／サイズ | ぽん／１歳未満／性別不明／41cm |
| ケージのサイズ | 60.8×30.5×35.5（H）cm　ケースバイケース 60M サイズ（みどり商会） |
| 基本温度の設定 | 昼間は 28℃くらい。夜間は 25 ～ 26℃／バスキング下 40℃（昼間） |
| バスキングスポットの設定 | サングロータイトビームバスキングスポットランプ　５0W（ジェックス）にて６：30 ～ 19：00 まで照射 |
| 保温器具の種類とＷ数 | インフラレッドヒートランプ 50W（ZOO MED JAPAN）／パネルヒーター／ともに１日中点灯 |
| 紫外線ライト | レプティグロー 5.0 20W（ジェックス）を６：30 ～ 19：00 の間点灯 |
| サーモスタット | 爬虫類サーモ（ジェックス） |
| 床材 | ペットシーツ（犬猫用） |
| 餌 | 毎日幼体フトアゴヒゲトカゲフード５粒、自家栽培野菜（葉大根、チンゲンサイ、コマツナ、ミズナ、ニンジン）、フルーツ（ミカン、リンゴをごく少なく）、コオロギＭサイズ 12 ～ 13 匹、水を常設 |
| サプリメント | カルシウム剤（毎回コオロギに添加） |
| 給餌頻度 | 朝６：30 ～７：00 に人工フード、野菜、果物。夕 16：00 ～ 17：00 にコオロギ |
| 温浴の頻度 | 体が汚れた時。糞を数日間していないときには温浴しながら腹部をマッサージ、背中を歯ブラシで軽くこすり排便を促す |
| メンテナンス | 糞をしたらシーツを交換。タイルは熱湯消毒してから天日干しする |

を交換すればいいので、非常に経済的。しかし、小さくカットしているので「ぽん」が動くとシーツがずれやすい。そこで、薄いブロックを重しにしています。ブロックの上に糞をした場合は、洗浄して熱湯で消毒し、その後天日干しをします。ブロックはストックがあるので、ローテーションで使うというわけ。なかなか面白い発想ですね。

また数日間排便がない時は、温浴でお腹を優しくマッサージし、背中を歯ブラシで軽くこすってあげると、水中で排便するそうです。

### 準備万端で迎えたフトアゴに「ぽん」

福本さんは幼いころからの生き物好きで、今は「ぽん」より先住のヒョウモントカゲモドキの「ユズ」、コミドリコンゴウインコの「シロ」、うさぎの「メグ」と暮らしています。彼らの餌を買いに行ったショップで出会ったのがフトアゴでした。肩に乗せると、ずっしりとした重量感と、鱗のトゲトゲな感触が何ともいえずにいい感じ。「やられちゃいましたね～（笑）」と福本さん。

悩んだ末、２０１１年の12月12日にフトアゴを家族にしました。ケージや器具類は、その１ヵ月前から用

# Lovely フトアゴ生活 1 福本真実さん

福本さんは「ぽん」の耳の下のトゲや、アゴの下のひんやり感が特にお気に入り。性格はマイペースで穏やか。コオロギを食べた後でも野菜を食べるほどの野菜好き！　購入後4ヵ月で、全長は41cmになりました

PROFILE

**ぽん**

- 年齢：1歳未満
- 性別：不明
- 全長：41cm

上から見ると模様がはっきりしていて、とてもきれいです。右の前足が曲がっているのがわかりますが、これも「ぽん」の個性ですね

意し、家に連れ帰る3日前から保温器具を作動させて温度をチェック。準備万端で迎え入れたのでした。

やってきた全長20センチほどのフトアゴは「ぽん」と命名。先住のヒョウモントカゲモドキ「ユズ」の由来が果物の柚子だったことから、そのつながりでポンカンの「ぽん」としたのが理由。そのことを友達に話すと、じゃ「柚子ポン」だねと突っ込みが。言われて初めて気づいたとか。

## 足に障害のある「ぽん」一緒に散歩するのが夢

実は「ぽん」、ベビーの頃から右の前足が曲がっています。しかし、それは購入前からわかっていたこと。「売れ残ったら、かわいそうですから」と、承知で迎え入れました。「足のことは気にしていませんよ。元気でいてくれれば、それでいいんです」。そんな福本さんの気持ちを知ってか、「ぽん」も安心して毎日を過ごしている様子。「いずれはハーネスを付けて抱っこして、外を散歩するのが夢なんです（笑）」と語る福本さん。その日が来るのは、きっと遠くはないはずです。

Lovely
フトアゴ生活
愛好家訪問2

渋谷裕幸さん

# 姪っ子がサポーター！毎日の温浴で、幸せのフトアゴ生活

姪っ子の結衣ちゃんと一緒に。結衣ちゃんは「トゲ」を抱っこするのも慣れたもの。お絵かきをする時は、「トゲ」やシルクワームを描くことが多いとか。「トゲ」が大好きなんですね。「トゲ」も居心地がいいのか、名付け親である結衣ちゃんにべったり。結衣ちゃんと「トゲ」と一緒の渋谷さん、メロメロな様子が伝わってきますね

姪っ子とフトアゴにメロメロの渋谷さん。フトアゴの温浴から毎日が始まるという、ユニークな飼育方法に迫ってみましょう

## 姪っ子が命名「トゲ」家族をつなぐ絆に

バイクで仲間とツーリングするのが趣味の渋谷裕幸さん。重厚なバイクが似合う強面の彼が、実はフトアゴと姪っ子にメロメロなのです。

　渋谷さんがフトアゴを飼い始めたのは、2010年の6月。普段あまり見ない爬虫類を飼ってみたいと、何気なく訪れたショップで出会ったのがフトアゴでした。「世界一人なつっこいトカゲ」というショップのポップ、見た目のかわいらしさに魅かれて即決。愛情をかけて育てようと、ベビーサイズの子を連れ帰り、フトアゴ生活が始まりました。

PROFILE

**トゲ**
- 年齢：２歳
- 性別：オス
- 全長：50cm

全身の黄色みが強い「トゲ」。ゆったりと朝風呂に浸かりながら朝ゴハンを食べ、その後に快便。何ともぜいたく！　コオロギとシルクワームでプリプリに育ち、約2年で全長50cmになりました。上から見ても発育の良さがはっきりわかりますね

　フトアゴの名前は「トゲ」に決定。渋谷さんの姪っ子で当時2歳だった野田結衣《ゆい》ちゃん（4才）が、トゲトゲした鱗から命名しました。家族となった「トゲ」は、人なつっこくておとなしい性格から、すぐにみんなのアイドルに。同居している渋谷さんのご両親も「トゲ」の世話に積極的。「私がいない昼間には両親がケージ内の温度管理や、おやつを与えてくれて、そのことをメールしてくれるんです」と、うれしそうに話す渋谷さん。家族みんなの絆が深まっているんだなぁと実感します。

## 1日は「温浴」から餌はシルクワーム

「スタッフのアドバイスもあり、購入した翌日から温浴を始めました」。出勤前の朝6時から7時の間に、浅い容器で温浴をさせます。手で餌を与えながら温浴させ、食後の5〜10分後には、ほぼ決まって排便。排便後はバケツの中で体を洗い、タオルでくるんで水気を取ってからケージに戻します。

　さて、この温浴方法はけっこう大変なように感じますが、温浴時に餌やりと排便が完了しているため、日中はケージ内の温度調整と時々おやつを与えるくらいの管理で済んでし

## ■渋谷さんのフトアゴ飼育データ

| | |
|---|---|
| フトアゴ飼育歴 | 約2年 |
| 個体の名前／年齢／性別／サイズ | トゲ／2歳／オス／50cm |
| ケージのサイズ | 90×45×45（H）cm（観賞魚用のガラス水槽） |
| 基本温度の設定 | 1日中28～32℃を維持 |
| バスキングスポットの設定 | シェルター下にパネルヒーターを設置 |
| 保温器具の種類とW数 | エミートⅡ 100W／パネルヒーター／ともに1日中点灯 |
| 紫外線ライト | レプティサン5.0UVB 20W（ZOO MED JAPAN）、レプティグロー2.0 20W（ジェックス）／ともに日中のみ点灯 |
| サーモスタット | なし |
| 床材 | ネイティブサンドカルシウム |
| 餌 | シルクワーム1日20～30匹、ハニーワーム、ジャイアントミルワーム、イチゴ、バナナ、コマツナなど |
| サプリメント | なし |
| 給餌頻度 | 朝6：00～7：00に一度。日中に時々おやつ |
| 温浴の頻度 | 毎朝 |
| メンテナンス | 室温に合わせて手動で温度管理。ケージの中で糞をしたら砂ごと取り出す |

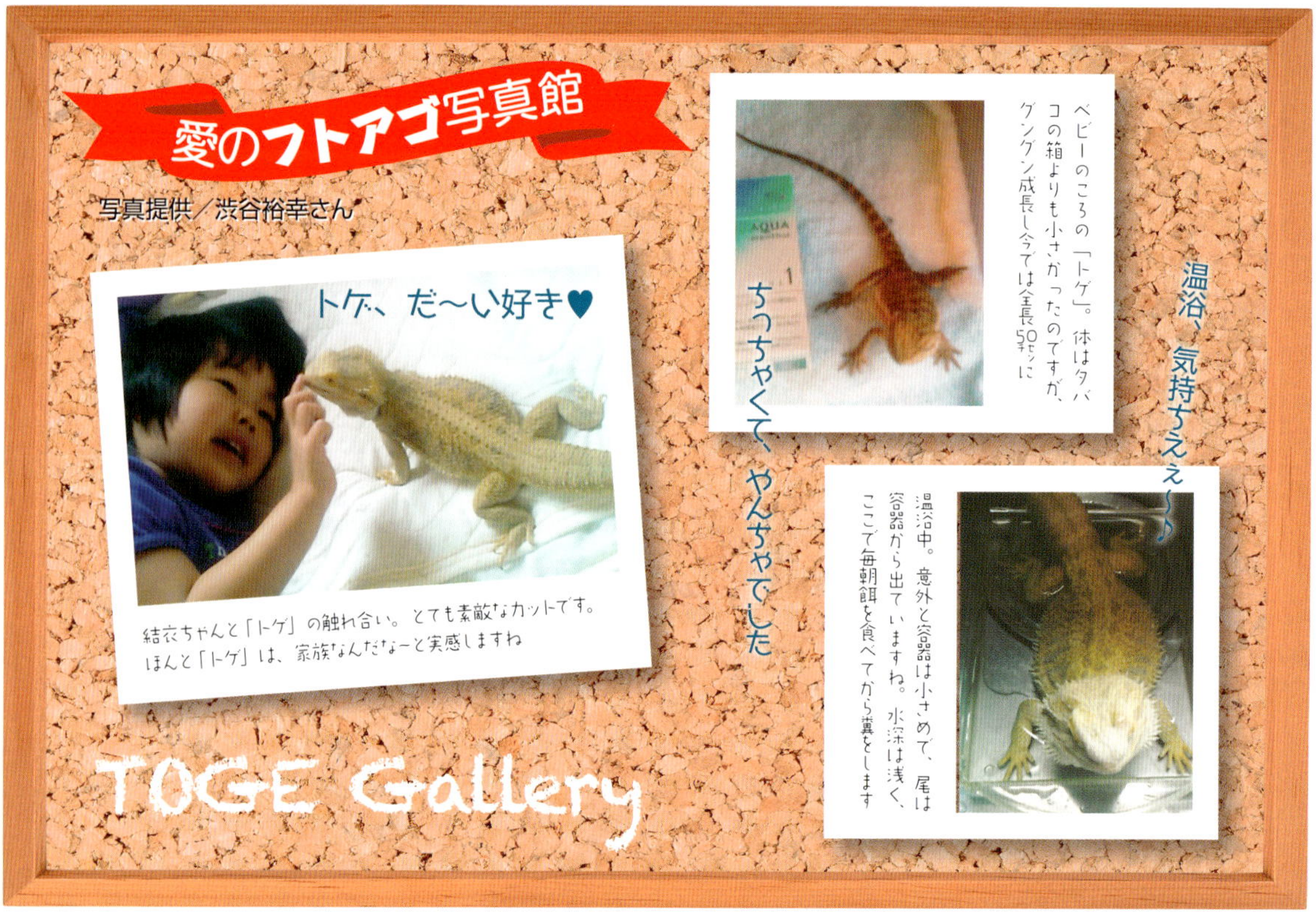


まいます。ケージ内での排便は滅多にないため砂も汚れず、量も減らないので、砂の追加も交換もほとんどしていません。仕事を終え帰宅したら健康をチェックし、スキンシップでコミュニケーション。この飼育スタイルが渋谷さん流なのです。

餌は全長10センチほどのベビーから全長が25センチくらいまでは、毎日カルシウム剤をまぶしたコオロギを与えていました。全長が25センチを超えるころにはケージを現在の幅90センチのものに変え、そのころにショップのスタッフと相談し、餌をコオロギからカルシウムが豊富で栄養バランスの良いシルクワームに切り替えました。シルクワームは専用のフードを与えてストックしているので、いつでも良質な状態を保てているようです。

シルクワームの他には、週に2～3回おやつにイチゴやバナナ、カルシウム補給にコマツナなどを与えています。水は、水入れを置いても温浴中でも飲まず、これらの餌から摂取しているようです。それと時々栄養価の高いハニーワームも与えます。ハニーワームはかなりおいしいらしく、一度に50匹も食べたことがあったとか。しかし、それが失敗。「ほとんど未消化で排泄されたんですよ。失敗でした。それからは時々、シル

◀ケージ内で糞をしてしまった時は、スコップで砂ごと取り出します。タオルは温浴後に必ず使用するので数枚を常備

▶餌のメインはシルクワームで、週に一度150匹ほどを購入しストック。他にフルーツとコマツナ、ジャイアントミルワームやハニーワームを時々与える

◀シェルターは全身が入れる「リクガメシェルターL」を使用

Hiroyuki Shibuya

蓋を全部閉じた状態。木の質感が良い感じで、インテリアとしても部屋に溶け込んでいます

温度管理は、「エミートII」3灯で。温度変化によって保温球の点灯数を変化させます。上からしか手を入れられないので、保温球で火傷をしないように細心の注意を払っています

蓋を全部開けた状態。暑い時期は、通気性も考慮して温度管理を行ないます

## 機能性に優れた手作りアングル！

幅90cmのケージは木製のアングルで囲ってあります。実はこれ、渋谷さんの父親の手作り。温度の調整は手動のため、ケージ上面と前方の蓋が開閉できる仕組みになっています

クワームの後に5〜6匹与えるようにしています」。

## トゲは子供のよう 姪っ子がサポーター

「トゲは私の子供みたいなものですね。子供のためには、できるだけのことをしてあげようと思うんです」と語る渋谷さん。毎日の温浴や餌やりはもちろん、行きつけのショップのスタッフと信頼関係を築き、わからないことがあればすぐに質問するようにしています。これも家族である「トゲ」のため。スタッフからは餌の量をもう少し控えたほうが良い、というアドバイスも受けているそうですが、ついついお腹いっぱいになるまで与えてしまうそう…。

「結衣はトゲの部屋に来るときは、トゲ〜と声をかけて入ってきますよ。トゲが大好きなんです」。「トゲ」の一番のサポーターである結衣ちゃんには1歳になる弟、悠希《ゆうき》くんがいます。まだ力加減がわからないのでトゲには触れませんが、トゲに興味津々。いずれ強力なサポーターになることは間違いないでしょう。

「姪っ子が…」と言いつつも、実は仕事から帰宅すると「トゲ〜、ただいま〜」と、声掛けをしている渋谷さんなのでした。

# フトアゴと暮らす方法

## ～フトアゴヒゲトカゲの飼い方～

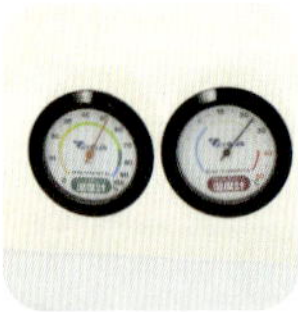

先のプロフィールのページでは、フトアゴの魅力として「飼いやすい」という点を挙げました。もちろんそれは、いくつかあるポイントを押さえることが条件。そこでここからは、フトアゴと一緒に暮らすための、より良い方法を紹介していきましょう

## フトアゴの成長ステージ

※フトアゴは成長過程によって一般に、ベビー、ヤングアダルト、アダルトと呼び分けられます

| 名称 | 年齢の目安 | サイズ（全長） | |
|---|---|---|---|
| ベビー | ふ化～１ヵ月半 | ふ化後サイズ～ 20cm |  |
| ヤングアダルト | ふ化後２～３ヵ月 | 20 ～ 35cm |  |
| アダルト | ふ化後３ヵ月以降 | 35cm ～ |  |

## フトアゴを迎え入れる準備

フトアゴを迎え入れる時は、しっかり準備をしましょう。もし、ショップにどうしても欲しい個体がいたら、スタッフにそのことを伝えれば、取り置きしてくれる場合もあります。そして購入前には、次のことをチェックしておきます。

**●飼育に必要な器具をそろえる**

**●ケージを置く場所を決め、昼の室温、夜の室温を調べておく**

必要な器具類は、次ページからを参考にしてください。必要な器具がそろった飼育セットも販売されているため、迷ったらそれを購入するのもいいでしょう。購入するフトアゴのサイズによっても、使用する器具の大きさが変わってくるので、サイズに見合った器具を選びましょう。

ケージを置く場所ですが、直射日光の当たる場所は温度変化が激しいため適しません。直射日光が当たらず温度変化が少なく、風通しのいい場所が理想です。昼と夜の室温を調べておき、飼育時の温度管理に役立てましょう。

また、ケージは床に直接置くよりも、アングル台などの上に置くとフトアゴが落ち着きやすいでしょう。

## 購入時の注意点

購入時には、フトアゴをよく観察します。どうしてもこれ、という個体がいない場合は、スタッフに相談して健康な個体を選んでもらいましょう。ベビーが複数いるようなら、その中で一番威張っている個体、例えばバスキングランプの下に陣取っているような個体がおすすめです。

ベビーの頃は複数で飼育していると、ケンカやケガなどで、尾や指を欠損しやすい傾向があります。一度欠損した部位は再生しません。しかし、それも個性。生活に支障がなく、もしあなたが気に入れば、迎え入れるのもありですね。

また、爬虫類の購入時には、購入者が確認書に氏名や住所を記入することになっています。

POINT

### 購入時のチェックポイント

- ●ぐったりしていないか？　力なく床に伏せている個体は避ける
- ●窪んでいる個体、目ヤニが付いている個体は避ける
- ●皮膚に異常がないか？　腫瘍がある個体などは避ける
- ●指や尾が欠損していないか？　欠損した指や尾は再生しないので注意
- ●やせていないか？　餌をしっかり食べているかスタッフに確認。餌の種類はどんなものか？

尾が欠損したベビー。尾が短いのも、けっこうかわいい!?　この子は、ショップで売れ残ってしまいましたが、その愛らしさから、スタッフのアイドルとして、かわいがられているとか

ペットショップでのフトアゴの販売風景。展示用のケージが飼育時の見本になっていることが多いので、気になったことは、スタッフに質問してみるといいでしょう

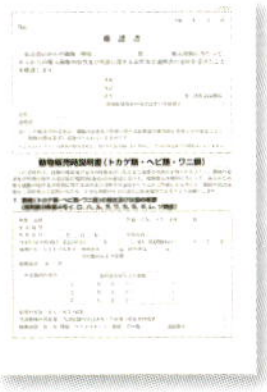

ペットショップなど、動物を販売する業者には、確認書に購入者の記名をもらうことが義務付けられています

フトアゴは寒さは苦手。かといって暑ければいいわけでもありません。
彼らに快適な環境と、それを演出するために必要な器具を紹介します

# フトアゴのための
# 飼育環境と必要な器具

| フトアゴに必要な環境 | 演出する器具など |
|---|---|
| 住み家 | ケージ |
| 快適な気温 | 保温球やパネルヒータなどの保温器具 |
| 日光浴 | 紫外線照明 |
| 食 | 人工フードや野菜、餌用昆虫 |
| 水分補給 | 野菜、水入れ |

## フトアゴに必要な環境と器具の関係

フトアゴの好む環境は、表のようになります。環境と器具の関係をイメージしておくと、必要なものを揃えやすいはずです。また、実際のセット例を参照し、器具がどのように設置されているか確認しておきましょう

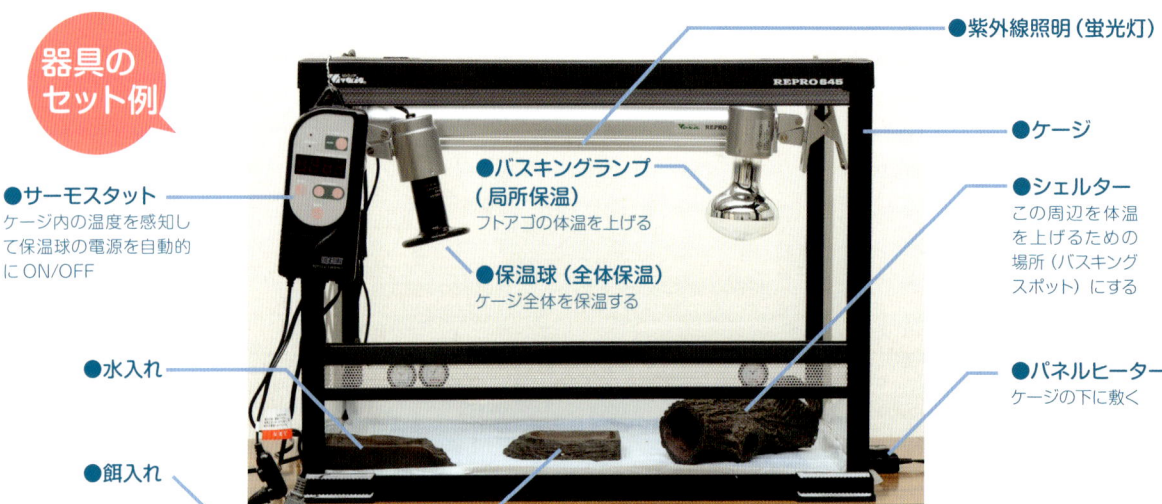

### 器具のセット例

## 1 ケージ ～フトアゴの家～

フトアゴの家となる容器がケージです。魚を飼う水槽などでも代用できますが、やはり爬虫類専用のものがおすすめです。温度管理がしやすい、専用器具がセットしやすい、ケージ前面が開閉できて掃除が楽、などメリットが多いのが特徴です。フトアゴのアダルトはいずれ全長50cmほどになるため、ケージは幅90cmクラス以上のものを使用するといいでしょう

レプロシリーズ
前面がスライド扉の爬虫類専用ケージ。ケージ上部はメッシュで、通気性に優れている。写真はレプロ645（約W61×D41×H45cm）。高さが60cmのハイタイプや、80、100、120cmタイプもある

グラステラリウムシリーズ
（ジェックス）
前面開閉式の爬虫類専用ケージ。上部はメッシュになっている。岩肌を再現したバックグラウンドが付属している。写真はグラステラリウム6045（約W61×D46×H48cm）。高さが62cmのハイタイプや90cmタイプもある

ケースバイケースシリーズ
（みどり商会）
前面がスライド扉の爬虫類専用ケージ。側面のメッシュはガラス板にも変更可能。底面には専用のパネルヒーター（別売）を取り付けることができる。写真はケースバイケース60M（約W60×D30×35cm）。奥行きが45cmのタイプ、幅が90cmタイプなどがある

**POINT**
### ケージ選びのポイント
- 爬虫類専用のケージがおすすめ
- アダルトはケージの幅90cmクラス以上を使用

## 2 紫外線照明 ～フトアゴの日光浴～

フトアゴは昼に活動して夜は寝る、いわゆる昼行性の生き物。昼行性の爬虫類は、日光からの紫外線（UV）を浴びて健康に役立てています。紫外線は波長によって特徴が異なり、爬虫類では UVA と UVB が健康維持のために重要視されています。UVA と UVB の特徴は、表を参照してください。本来なら日光を浴びればいいのですが、飼育下ではなかなか難しいこともあります。そこで、紫外線照明器具の出番となります

### フトアゴに有効な紫外線と特徴

| | |
|---|---|
| UVA | 脱皮を促したり、食欲の増加に役立つ。新陳代謝を活発にする |
| UVB | 骨の形成に役立つ。体内でカルシウムの吸収を助けるビタミン D3 を作る |

### 紫外線照明を選ぼう

紫外線を照射する器具は、爬虫類専用のものが販売されており、蛍光管タイプのものや、電球ソケットタイプ、メタルハライドランプなどが入手できます。最も一般的なものは蛍光管タイプ。比較的安価で入手しやすいですが寿命は短め。半年に一度ほどの交換が推奨されています。電球ソケットタイプは、小型ケージに向いており、大型ケージをカバーするには複数の使用が必要でしょう。メタルハライドランプは高価ですが、バスキング効果のあるものもあり、飼育スタイルによっては、利用価値があると思います。

### 日光を演出する

紫外線の照射はフトアゴの健康維持には欠かせません。紫外線照明の使用は日光を演出することですから、照射と同時にケージ内を明るくし、フトアゴの生活リズムを作ってあげましょう。点灯時間は、日中だけにします。もしケージ内が暗すぎるようなら、別に一般の蛍光灯を追加しても問題ありません。

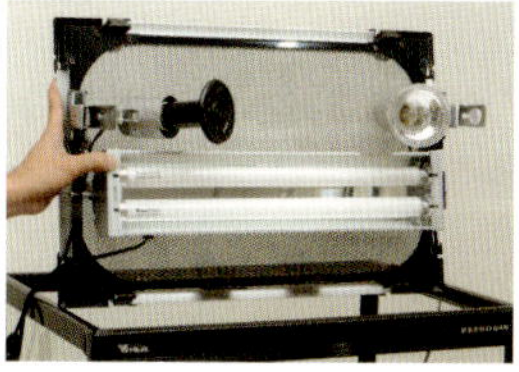

爬虫類用のケージ「レプロ 645」に蛍光管タイプの紫外線照明「レプロ UVB ランプ」を取り付けた状態です

**POINT**

**紫外線照明選びのポイント**

- UV を照射できる爬虫類専用の照明を使用する
- 蛍光管が一般的で、水槽の上面に設置できて便利。商品数も多い

**レプティサン 10.0UVB（ZOO MED JAPAN）**
強力な UVB を照射し、蛍光管から 52cm 離れた場所にも確実に UVB が到達する。15W、20W、40W がラインナップ

**レプロ UVB ランプ デザートサン**
砂漠やサバンナに生息する生体に適した UVB 照射ランプ。15W、20W がラインナップ

**レプティグロー 10.0（ジェックス）**
50cm までの照射距離で、効果的に UVB を照射する。15W、20W がラインナップ

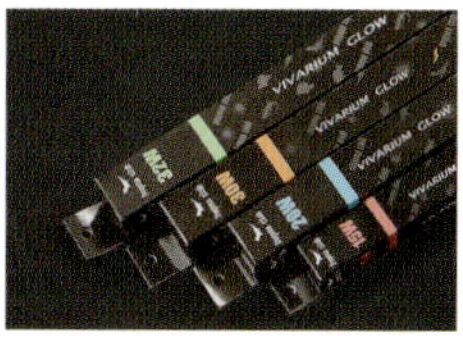

**パワー UVB（ポゴナ・クラブ）**
紫外線蛍光灯。強力な UVB を照射する。15W、20W、30W、32W がラインナップ

**パワーサン（ZOO MED JAPAN）**
水銀灯。非常に強力な UVB を照射するため、生体が光から隠れられるシェルターを設置するとよい。バスキングランプの効果もある。100W。口金：E26

**レプロ UVB スパイラル デザート サン**
スパイラルタイプの UVB 照射ランプ。コンパクトで高効率な出力を誇る省エネタイプ。13W、26W。口金：E26

**レプティグローコンパクト EX10.0（ジェックス）**
砂漠やサバンナを再現する紫外線（UVB）照射ランプ。専用の取り付け器具もある。13W、26W。口金：E26

**ソラーレ UV70（スドー）**
クリップタイプの爬虫類飼育用メタルハライドランプ。紫外線照射とともに、バスキング効果もある

**クリップスタンド グロースタンド（ジェックス）**
照明や保温球の使用に適した熱に強いセラミック製のソケット。アーム部は自由自在に調節でき、ねらった場所にライトを照射できる。固定用ビスやクリップで取り付ける。適用口金：E26

## 保温 ～快適な気温を演出～

爬虫類は変温動物で、周囲の温度変化によって自らの体温も変化します。フトアゴは日中活動する昼行性で、活発に活動するためには日光浴によって、十分に体温を上げる必要があります。先に解説した紫外線照明とは別に、飼育時には体温を上げるための保温器具（バスキングランプ）が必用になります。またそれとは別に、ケージ全体を暖めるために、全体保温器具を使用します。現在では性能の良い保温器具や、温度管理ができるサーモスタットが発売されているので、これらをうまく利用して、快適な気温を演出しましょう

### フトアゴに適した温度

フトアゴが生活するのに必要な温度の目安は、表のようになります。飼育時は一年中、この温度を維持するようにしましょう。ベビーの時期は低温に弱いので、特に注意が必要です。この表を見るとわかるのが、昼と夜で温度変化があるということ。自然下でも昼夜で温度差があり、気温が下がる夜間は活動を停止して体を休めます。飼育時にも同じような温度変化を付けて、フトアゴの生活リズムを演出してあげましょう。また、昼間でもケージ全体の温度とバスキングスポットの温度は異なります。バスキングスポット以外の場所は、やや低めに設定してフトアゴが自ら体温を調整できるようにすることがポイントです。ケージ全体の温度が30℃以上あるときは、保温球を消して温度を調整しましょう。

**■フトアゴのステージと快適温度の目安**

| ステージ | ケージ全体の温度 | | バスキングスポット |
|---|---|---|---|
| | 昼 | 夜 | 昼のみ |
| ベビー | 28～30℃ | 25～26℃ | 35～40℃ |
| ヤングアダルト | 20～30℃ | | |
| アダルト | | | |

### 全体保温と局所保温

保温器具のセット例では、ケージの左側に全体を保温する保温球を、右側に局所保温球（バスキングランプ）を取り付けています。バスキングランプの下がバスキングスポットで、ここにはフトアゴが休める岩などを置きます。さらにこのスポットの下には、パネルヒーターを設置して、背中側だけでなく、腹側からも暖められるようにすれば、寒い時期も万全。爬虫類用のサーモスタットを使用すれば、自動で昼夜の温度調整をしてくれるので便利です。

**保温器具選びのポイント** POINT

- 全体保温球とバスキングランプ、パネルヒーターをそろえる
- 保温球のワット数は、ケージのサイズに合ったものを使用
- 外出が多い人にはサーモスタットが便利

**保温器具セット例**

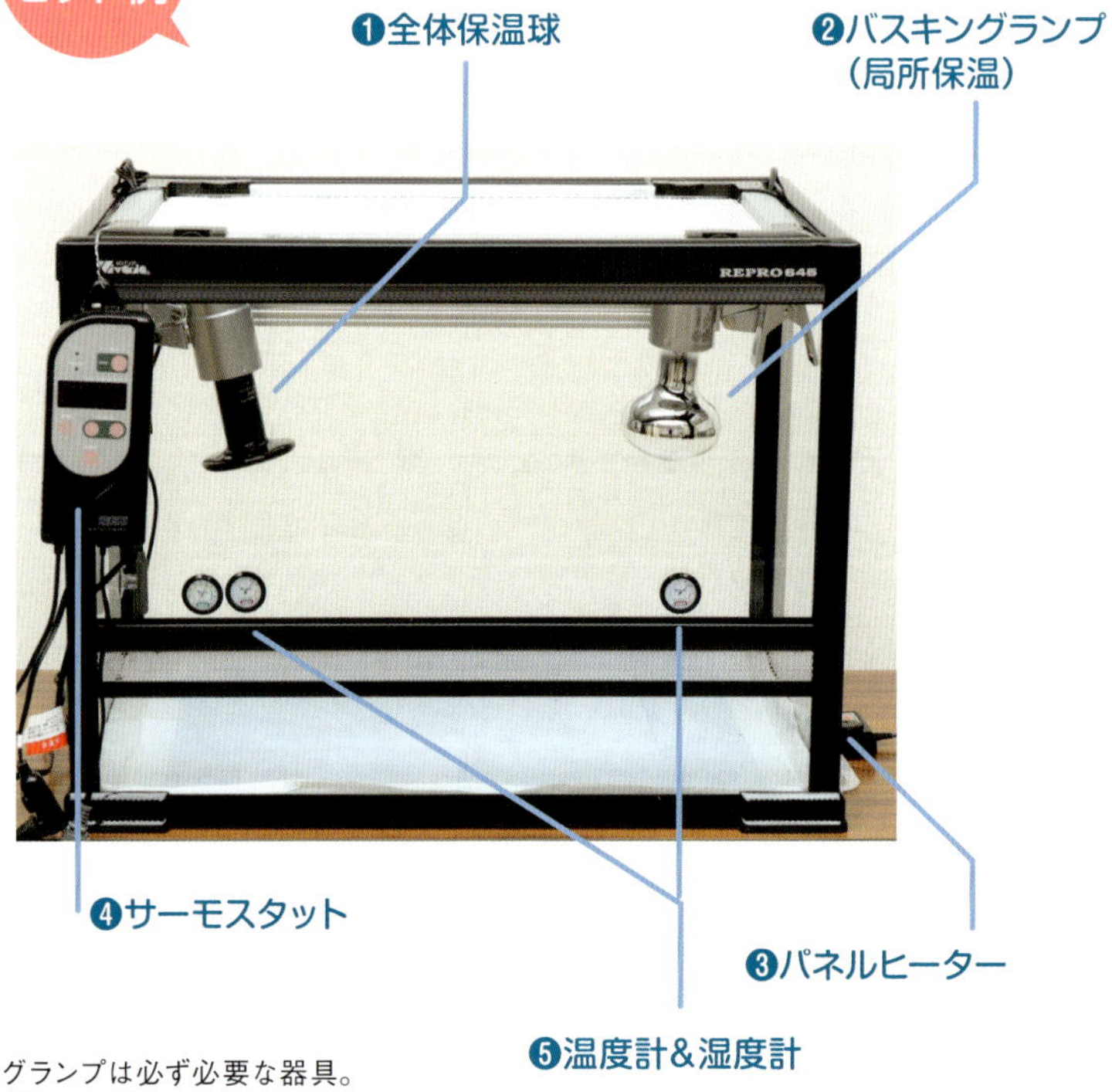

バスキングランプは必ず必要な器具。球切れに備えて、予備球を用意しておくのもおすすめです

## 1 全体保温球

ケージ内全体を暖めるための保温球。基本的には一日中点灯してケージ内をフトアゴの好む温度に保ちます。気温が高くなる時期はオフにして30℃を大きく超えないように調整します。様々なワット数が発売されているため、ケージのサイズに合ったものを使用しましょう。また、セット例の保温球は光が出ないタイプですが、赤い光や青い光を放つものもあります。この光は夜間も点灯しますが、フトアゴには見えない光とされ、眠りの妨げにはならないので安心です。

赤い光を放つ全体保温球を使用中。
暖色系で温かみのある雰囲気です

こちらは青い光を放つ全体保温球。
赤とはまったく異なり、クールな印象

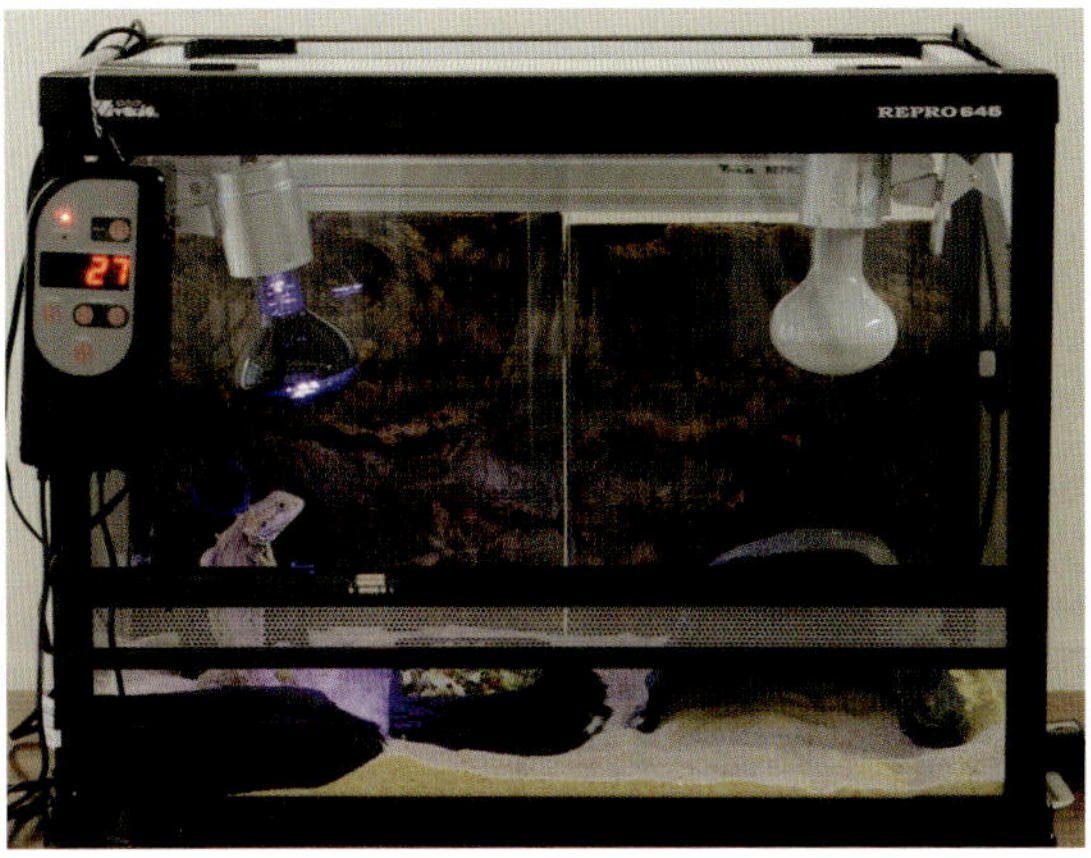


### 全体保温球

ケージ内全体を暖める散光タイプの保温球

バスキングライト
(ポゴナ・クラブ)
爽やかな光を照射する。
25W、40W、60W、100W がある

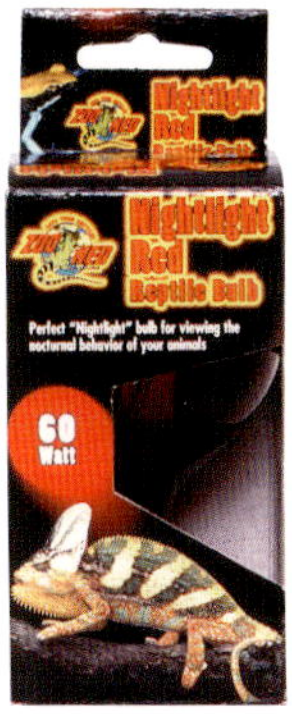


ナイトライトレッド
(ZOO MED JAPAN)
赤外線で赤みを帯びた光を照射する。
40W、60W、100W がある

ナイトグロー
ムーライトランプ
(ジェックス)
月光を再現した青い光を照射する。50W、75W がある

セラミックインフラレッド
ヒートエミッター
(ZOO MED JAPAN)
まったく光を発しないセラミックヒーター。60W、100W、150W がある

## 2 バスキングランプ（局所保温球）

フトアゴの体温を上げるための、集光タイプの保温球で昼間に点灯します。ランプ直下のバスキングスポットが 35 ～ 40℃くらいになるように、ランプの角度、下に置く岩やシェルターの位置、高さを調整します。また、小さなケージに大きなワット数のランプを使用すると、高温になりすぎる場合があるので注意します。ランプは非常に高温になり、ふれると火傷するため、フトアゴが接触できないよう下に置く岩やシェルターのサイズには気を付けましょう。遠赤外線タイプのものもあります。

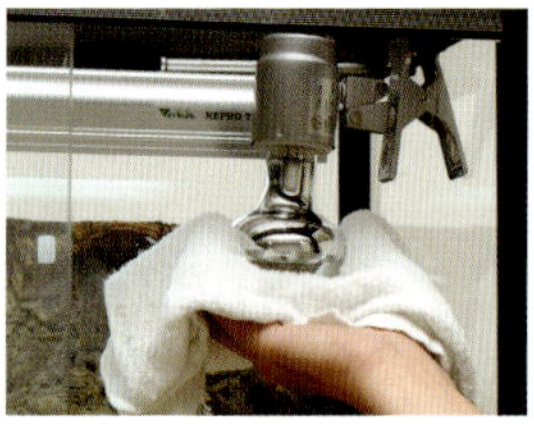

ランプを交換する際は完全に冷えてから。冷えていない場合は、必ず乾燥したタオルなどでランプを保持し、火傷を防止します

体が冷えるとフトアゴは自らバスキングランプの熱を浴びに来ます

## 3 パネルヒーター

パネル状の保温器具。薄いタイプはバスキングスポットの下に敷き、その上に岩などを置いてやると岩自体が暖まり、お腹側からも体を暖めることができます。ケージ底面の 1/3 ほどをカバーするといいでしょう。パネルヒーターは１日中つけておくのが基本ですが、気温が高い時期はオフにしても問題ありません。サーモスタットには接続しないで使用します。

パネルヒーターはケージ内には入れず、外側に配置するのが基本です

### バスキングランプ（局所保温球）

一部分を集中的に照射する、集光タイプのバスキングランプ

サングロー タイトビームバスキングスポットランプ（ジェックス）
50W、75W、100W、150W がある

バスキングスポットランプ（ZOO MED JAPAN）
25W、50W、75W、100W、150W、250W がある

### バスキングランプ（赤外線照射タイプ）

赤外線照射で赤みを帯びた光を照射するバスキングランプ

ヒートグロー 赤外線照射スポットランプ（ジェックス）
50W、75W、100W、150W がある

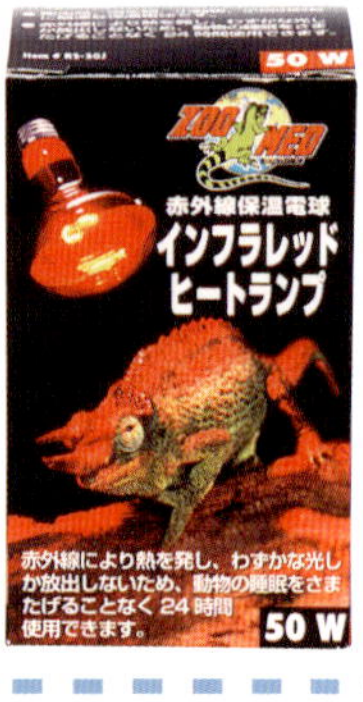


インフラレッド ヒートランプ（ZOO MED JAPAN）
50W、75W、100W、150W、250W がある

保温と紫外線照射はフトアゴの生活の基礎。快適な環境ではフトアゴもいきいきしています

## 4 サーモスタット

爬虫類用の電子サーモを使用すると、自動で温度を調整してくれるので便利です。全体保温球は一日中、バスキングランプは昼間だけ点灯させることができます。サーモスタットの温度センサーは、全体保温球の下方に設置しましょう。

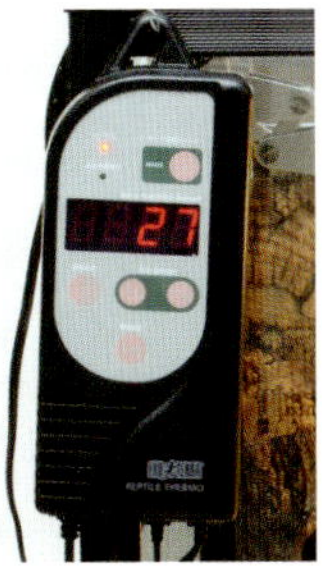

温度センサー付近の温度が本体に表示されるので、こまめに確認しましょう

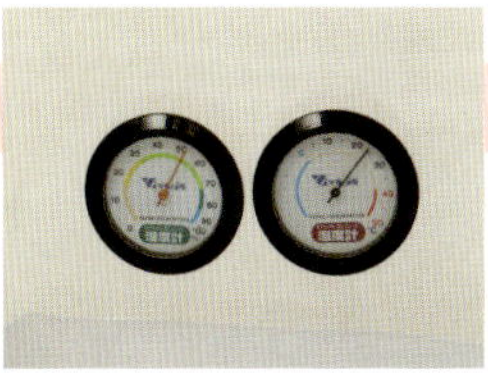

温度計と湿度計は、底床付近に設置します

## 5 温度計&湿度計

温度計は必ず２つ使用します。バスキングスポットの近くにひとつ、全体保温球の下方にひとつ、いずれもフトアゴが活動する底床付近に設置するのがポイント。また、湿度計も設置して、極端な乾燥や多湿にならないようにチェックしましょう。

### パネルヒーター

薄い形状の保温器具。
ケージの下に敷くのが一般的

ヒートウェーブネオ
(ジェックス)
周囲の環境温度に応じて自動的に表面温度を調節して一定温度を維持する。付属のマジックテープでケージ側面にも取り付けられる。10 × 13cm/4W
20 × 20cm/10W
22.3 × 27.3cm/15W
24.5 × 43.2cm/30W
がある

ピタリ適温プラス
(みどり商会)
周囲の環境温度に応じて自動的に表面温度を調節して一定温度を維持する面状ヒーター。
18 × 15cm/4W
22 × 25cm/8W
42 × 22cm/15W
55 × 25cm/20W
がある

バスキングスポット
(ポゴナ・クラブ)
25W、40W、60W、100W がある

### サーモスタットと温度計

サーモスタットや温度計など、
保温関係の器具を上手に活用

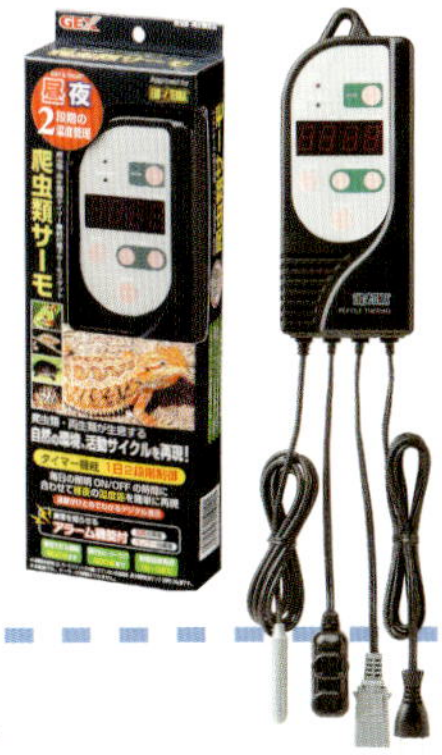

爬虫類サーモ
(ジェックス)
ヒーターや照明器具の ON/OFF をコントロールできるタイマー機能が付いており、昼・夜２段階の温度管理が可能

レプティテンプ
(ZOO MED JAPAN)
赤外線で離れた場所の温度も瞬時に測定できる非接触温度計

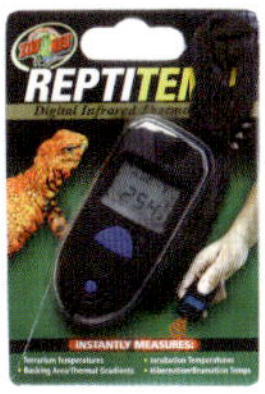

インフラレッドスポット
(ポゴナ・クラブ)
25W、40W、60W がある

## 床材 ～快適な環境整備～

ケージの底には、床材を敷いてあげましょう。床材を敷かないと移動の際に爪の引っ掛かりが少なく、常にツルツルと滑る状態で爪が折れることがあります。床材を敷くことでフトアゴは活動がしやすくなり、落ち着くようです。床材には爬虫類専用の砂や、ペットシーツなどが利用されます。それぞれに特徴があるので、フトアゴの成長ステージや、飼育スタイルに合わせて選択しましょう

床材に砂を用いた飼育例。砂漠のような雰囲気です

### ベビーの床材はペットシーツがおすすめ！

フトアゴなどの乾燥地帯に生息する爬虫類用の床材には、砂漠の砂を模した天然砂や、粒の細かいクルミ殻などが利用されることが多いと言えます。しかしベビーの飼育時には、この粒の細かい床材が、トラブルの原因になることがあります。よく見られるのが「床材の誤飲」で、床材が付着した餌を食べることで消化器官に床材が詰まり、体調を崩すだけでなく、死亡してしまうこともあるのです。そこで誤飲のトラブルを避けるために、ベビーの飼育時にはペットシーツなどを利用しましょう。見た目は人工的で自然の雰囲気はありあせんが、トラブル回避のために有効です。糞をしたらペットシーツは交換するようにしましょう。セミアダルト以降では、誤飲した床材は糞と一緒に排泄されます。砂漠のようにレイアウトするのは、フトアゴが成長してからにしましょう。

ベビーの床材には、ペットシーツが便利。清潔に管理しやすいのもメリットです

衛生面や誤飲のトラブル回避を優先するなら、アダルトの床材にもペットシーツがおすすめ

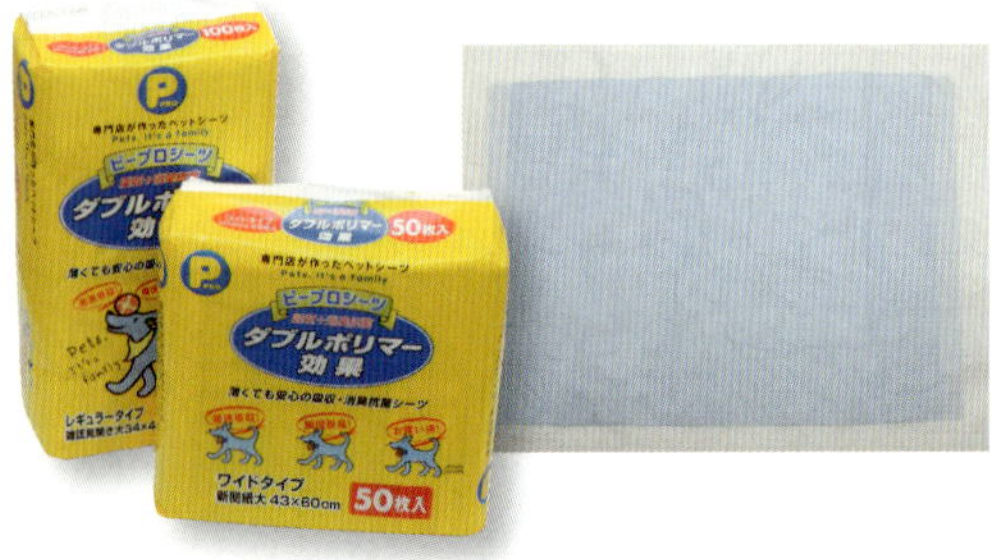


フトアゴの床材に使用するペットシーツは、犬猫用のものが流用できます。写真は「ダブルポリマーシーツ」（P-PRO オリジナル商品）

### ■床材の種類と特徴

| 種類 | 特徴 |
| --- | --- |
| クルミ殻 | セミアダルト以降の個体なら誤飲しても安全。糞の掃除がしやすく、消臭効果がある |
| バーク材 | 軽くて扱いが容易。糞が取りづらいが、消臭効果がある。レイアウト効果は高い |
| 天然砂 | 掃除がしやすく、レイアウト効果が高い。時間が経過すると粉っぽくなるので交換が必要 |
| ペットシーツ | レイアウト効果は低いが取扱いしやすく衛生的。床材の誤飲がなく、ベビーには特におすすめ |

**床材選びのポイント**

- ベビーの床材には、ペットシーツを使用
- 床材は保湿効果の低い、乾燥しやすいものを選ぶ

POINT

### 床材の特徴と選び方

フトアゴ飼育に適した床材は、乾燥しやすいものであること。湿度が高く、じめじめとした環境はフトアゴにはよくありません。そのため、ヤシ殻や腐葉土などの、保湿性能の高いものは床材に向いていません。水に濡れても乾きやすいものがおすすめで、爬虫類専用の砂やクルミ殻を細かくしたもの、バークチップなどがよく使用されています。それぞれの特徴は表を参考にしてみましょう。床材は糞で汚れることも多いので、こまめに掃除ができない場合は、定期的に床材を交換する必要があり、そうなるとコスト面も重要でしょう。ちなみに猫用のトイレ砂（猫砂）は、糞尿で砂が固まった後に粉じんが舞いやすいため、フトアゴにはよくありません。すぐに糞を処理できる人や、毎日猫砂を交換できる人などは使用してもいいかもしれません。

## 床材の掃除と交換について

よく餌を食べるフトアゴは、健康であれば、頻繁に糞をします。糞をそのままにしておくと、糞が体にこびりついて不衛生になり、病気につながることもあります。そこで糞を見つけたら、できるだけ早く取り出すのが肝心。糞は床材と一緒に取り出します。床材は次第に少なくなるため、時々新しい床材を足すといいでしょう。また、時間の経過とともに汚れてくるため、定期的に新品と全交換するのもおすすめです。床材をゴミとして廃棄する際は、地方自治体のゴミ処理方法に従ってください。

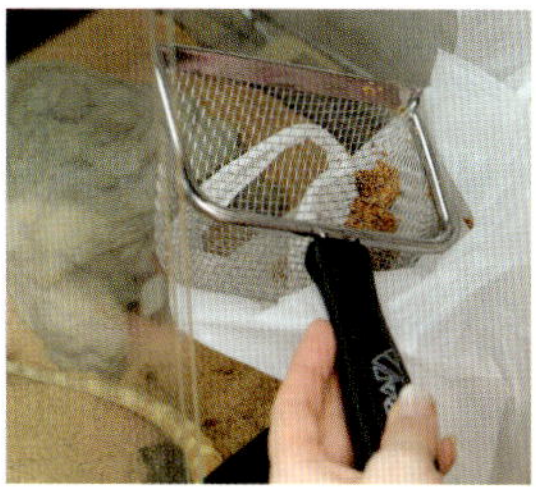

▲フトアゴのトイレタイム。早めに床材と一緒に取り出しましょう

◀糞の取り出しには「サンドクリーンコンパクト」が便利

レプティバーク
(ZOO MED JAPAN)
モミの樹皮を小片にしたもの。細かい粉はあらかじめ取り除いてある。熱殺菌処理済

ウォールナッツ サンド
クルミの殻を砕いたもの。砂漠など乾燥環境に生息する生体用の床材

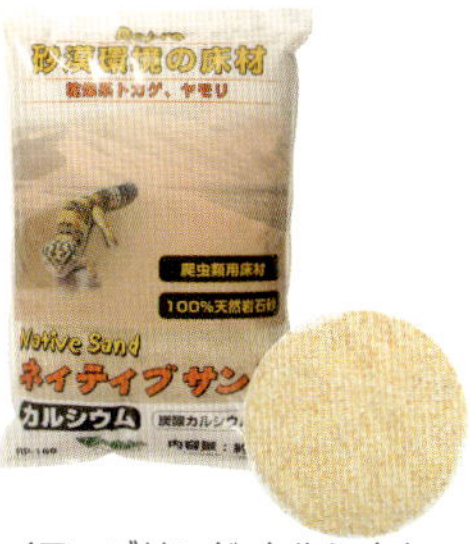


ネイティブサンド カルシウム
砂漠環境用の床材で100%天然砂。炭酸カルシウムを含有している

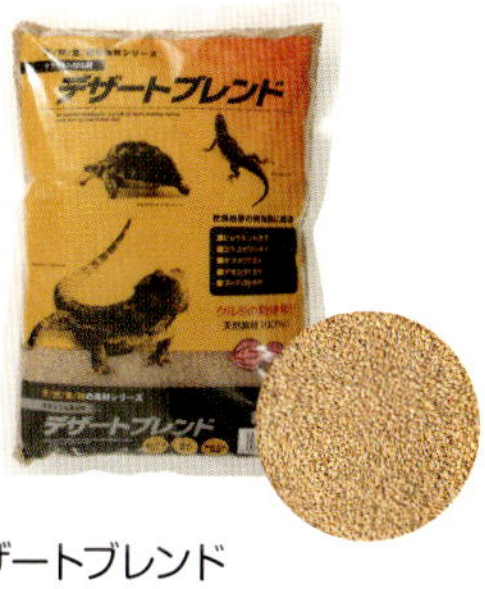


デザートブレンド
(カミハタ)
クルミの殻から作られているので、成体がエサを食べる際に誤食しても体内で消化できる

## シェルターなどのグッズ ～フトアゴの隠れ家、ベッド～

フトアゴは本来、半樹上性の爬虫類で、けっこう木登りが得意。ケージ内に流木や岩などを入れてあげると、登って休む様子が見られます。またシェルターなどを入れてあげると、その中で休むこともあります。流木やシェルターは、フトアゴが乗った時に、保温球の熱で火傷しない高さにすることが大切です

流木は爬虫類ショップなどで売られています。フトアゴが乗っても折れない、丈夫なものを選びましょう

POINT

**シェルター選びのポイント**

- フトアゴが体を乗せることができるサイズを選ぶ
- フトアゴが乗った場合に、保温球で火傷しない高さのものを選ぶ

バスキングシェルター
隠れ家として、または生体がランプ照射を避けて休息したい時などにも活用できる

▲天然の岩はケージ内の雰囲気を高めてくれるだけでなく、バスキングにも有効。ペットショップで購入可能です

▶シェルターは中に入って体を休めたり、上方にバスキングライトを設置すれば、バスキングスポットを演出できます

# 6 餌と水 ～ゴハンの時間～

生き物を飼育するうえで、大きなウェイトを占める「餌」の時間。フトアゴの食性や、どんな餌を与えたらよいか、成長過程による餌の変化、餌やりのテクニックに食後の管理など、知っておきたい「餌」に関する情報をまとめてみましょう

食事の時間は、コミュニケーションや健康管理の時間でもあります

▼霧吹き用のスプレー。安価なもので十分

▲水を入れた容器を常設します。水面が動くと水を飲むことがあるので、水入れに水を垂らしてあげるのもいいでしょう

◀ガラス面に霧吹きをして水滴を付けると、これを舐めることがあります

▼洗浄瓶を使って給水。口元に垂らしてみましょう

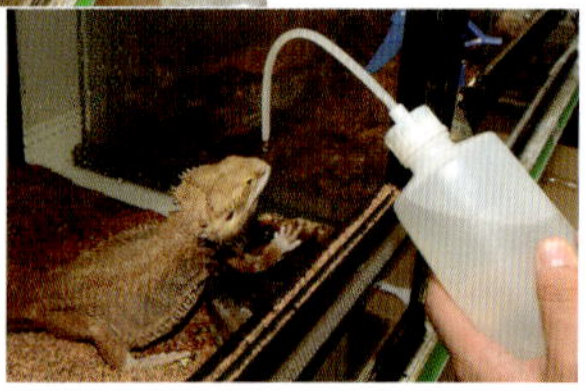

◀洗浄瓶は、ペットショップや大型のホームセンターなどでも販売している

## まずは水の与え方

どんな爬虫類も水分の摂取が必要ですが、フトアゴの場合、積極的に水を飲む個体は少ないようです。多くの個体は、葉野菜や果物などの餌から水分を摂取しています。それだけで健康を維持することもできますが、できれば水を飲むことも習慣にしたいところです。特にベビーの頃は、脱水に注意が必要です。水を飲ませるには、水を動かしてみるのが良い方法。フトアゴは動くものには敏感に反応し、水も動いていると反応が良いのです。そこで、ケージ内側のガラス面に霧吹きで水滴を付けてみましょう。ガラス面を伝って落下する水滴に反応して水を舐めることがあります。また、同様に洗浄瓶（長いストローが付いた容器）から水滴を、フトアゴの口元に垂らしてあげてもいいでしょう。飼育者によっては、フトアゴの顔に直接霧吹きをする人もいますが、やりすぎると体を冷やしてしまいます。餌を食べた後に行なうと消化不良になる可能性もあるので、食後すぐはやめておきましょう。また、いつでも水を飲めるように、ケージ内には水を張った水入れを常設しておきます。フトアゴが歩き回ると床材が混入したりして、水は汚れがちなため、毎日新鮮な水と交換します。

## どんな餌を与える？　大切なフトアゴの食育

フトアゴの食性は、主に昆虫や植物を食べる雑食性です。野生のフトアゴは、若い時期は積極的に昆虫などの動物性タンパク質を摂取し、年をとるに従って植物質が多くなると言われています。飼育時にも成長に従って餌を変化させていくのが理想で、健康に育てるにはバランスの良い食事が大切。これは人間と同じですね。ところが、これも人間と同じでフトアゴは個体によって、餌の好みが分かれる傾向が見られます。特定の餌を専食すると栄養のバランスが崩れがちで、様々な健康トラブルの原因になることもあるのです。できるだけ選り好みせずに餌を食べさせるには、ベビーの頃からの餌やりが重要。いわゆる「フトアゴの食育」が大切になるわけです。フトアゴ飼育でメインの餌となるのが、「昆虫」「野菜」「人工フード」の３種類です。ステージによる餌の割合は表を参照してください。人工フードは、フトアゴの栄養を考えて作られているため、ぜひ与えたい餌です（それぞれの餌の特徴についてはP42以降を参照）。また、各種栄養素を含有した爬虫類用のサプリメントも発売されていて、これを昆虫などと一緒に与えるのも一般的です。

### 各ステージと餌の選択

| ステージ | 餌の種類 | 与える量 |
|---|---|---|
| ベビー（成長期） | 昆虫をメインに与えるが、野菜や人工フードにも慣れされておく | 毎日食べるだけ与える |
| ヤングアダルト（成長期） | 徐々に人工フードと野菜の割合を増やしていく | 毎日食べるだけ与える |
| アダルト | 人工フードと野菜をメインにし、昆虫は副食として与える | 毎日～数日おき。腹八分目の給餌量 |

※餌は生体の体調を見ながら与えてください

## 餌を与える時間帯

餌を与える時間は特に決まっていませんが、フトアゴの活動が活発な時間に与えることが大切です。つまり体温が十分に上がっていることが大切なので、朝の食事は体が暖まってから、また食後２時間はバスキングランプが点灯している状態にします。バスキングランプが消灯してから餌を与えるのはＮＧです。

葉野菜と人工フードは、一緒に給餌するのがおすすめです

## 餌を食べさせるテクニック

個体によっては、野菜や人工フードは昆虫に比べると食いつきが悪いことがあります。その場合は、餌を動かすのも方法です。フトアゴは動いている餌によく反応しますが、これは自然で昆虫などを捕食する習性からくるものでしょう。そこで野菜や人工フードをフトアゴの顔の前で動かしてみてください。動きに興味をそそられ、パクッと食いつくことがあります。この方法を続けていけば、野菜や人工フードを餌と認識し、動かさなくても食べるようになります。

### ■餌を食べさせるテクニックその1

フトアゴの顔の前に野菜をつまんでパラパラと落下させると…

野菜に注目してくれます

## 基本メニューと与え方

フトアゴの基本的なメニューは、ステージに合わせて細かくカットした葉野菜と人工フード、そしてコオロギなどの昆虫です。葉野菜は水分摂取のためにも毎日新鮮なものを与え、ケージ内に常設しておいてもいいでしょう。人工フードと昆虫を与える時間はいつでもいいのですが、先に昆虫を与えてしまうと、その後に人工フードに興味を示さなくなることもあります。そこでお腹がすいたら先に野菜と人工フードを与え、その後に昆虫を与えると、どちらも食べさせることができます。また、午前中は野菜と人工フード、午後は野菜と昆虫というように、午前と午後にメニューを分けても問題ありません。ただしベビーやヤングアダルトには、気づいた時に餌を与えて成長を促すようにします。

### ■餌を食べさせるテクニックその2

ピンセットで人工フードをつまんで、顔の前でユラユラさせます。見てますね～

たまらず舌を出して…

カプッと食いつきました！

## 旅行の時、餌はどうする？

デリケートなベビーの期間は１～１ヵ月半ほど。できればこの期間は外泊を控えたほうが安心です。どうしても外泊する場合は、ケージごと知人に預けるなどの対策をします。ベビーからヤングアダルトの期間は魔の３ヵ月間とも言われるくらいで、しっかりとたケアが必要なのです。アダルトになれば、数日間の旅行なら水を常設し、バスキングランプを消しておけば大丈夫だと思います。その期間は餌を控えます。

◀コーナーボール（ZOO MED JAPAN）
コーナーにフィットする形状の水、餌入れ

▲竹製ピンセット
生体や生餌を傷付けにくい

▶レプティロック
フードディッシュ
（ZOO MED JAPAN）
生体が餌を食べやすいように、淵が低くなっている餌入れ

## 餌の種類と特徴

先に基本メニューに触れましたが、それでは実際にどのような種類の餌を与えればいいのでしょうか？　ここからは、餌の種類とその特徴について解説します。人工フードの利点や与え方、与えたい野菜の種類、昆虫の栄養素やキープの仕方など、餌に関しては覚えておきたいことがたくさんあります。フトアゴを健康に育てるためにも、食にはこだわりたいものですね。

モリモリ食べてグングン育つ。ベビーはこれが理想です

## 人工フード

各メーカーより発売されているフトアゴ用の人工フードがおすすめです。他の爬虫類用の人工フードもありますが、専用のものはフトアゴに必要な栄養素を含んでいて、総合栄養食と考えておけばいいでしょう。つまり人工フードをメインの餌として、野菜や昆虫を副食的に与えるのが理想です。もちろんベビーの頃は、より高タンパクな餌が必要になるので、昆虫をメインとしますが、ベビーの時期に人工フードの味に慣らしておくことも大切です。そうすることでセミアダルトからアダルトになっても人工フードを食べてくれるようになるからです。また、人工フードはコスト面でも優れています。空腹のアダルトでは一度にコオロギを数十匹ペロリと平らげてしまうこともあり、それでは食費が大変です。栄養的にもコスト的にも人工フードをメインにするといいでしょう。

人工フードによっては、アダルト用とベビー用など、ステージに合わせて栄養価や粒の大きさを変えてあるものもあります。上手に使い分けましょう。写真は「フトアゴヒゲトカゲフード」で粒の大きい方が成体用、小さい方が幼体用

個体によっては、色の好みがあるようで、赤色の人工フードばかり食べる子もいます

## 人工フードの与え方

乾燥タイプの人工フードは、乾燥しているものを、ぬるま湯でふやかしてから与えるのが一般的。ふやかすことで水分の補給にもなります。乾燥したままの状態でもバリバリと食べてしまいますが、まれにフードの破片が口内の皮膚に刺さりケガをすることがあるため、ふやかせば安心です。食べ残した人工フードは捨て、毎回新しいものをふやかして与えるようにします。

乾燥している人工フードはふやかすと大きくなります。食べるぶんだけ与えましょう

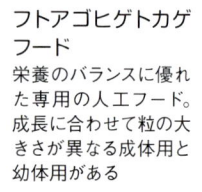

**フトアゴヒゲトカゲフード**
栄養のバランスに優れた専用の人工フード。成長に合わせて粒の大きさが異なる成体用と幼体用がある

**フトアゴヒゲトカゲ カンフード (ZOO MED JAPAN)**
専用の人工フード。成長期に必要な栄養を含んだ幼体用と、繁殖に必要な栄養を含んだ成体用がある

## 野菜とフルーツ

野菜は栄養面に加え、水分の補給にもなるため必ず与えます。野菜の種類はカルシウム分を多く含むものが良く、キャベツやコマツナ、チンゲンサイ、ミズナなどの葉野菜、またニンジンなどを与えるのが一般的です。これらは一年中入手がしやすいという利点もあります。逆に与えてはいけない野菜もあります。例えばホウレンソウやキュウリ、タマネギなど、アクが強いものや刺激のあるものは控えましょう。野菜同様に野草を与えることもできます。タンポポやオオバコ、ヨモギなどを与えることができますが、採取場所が問題になります。農薬や殺虫剤が散布されている場所や、排ガスが多い場所、犬のトイレになっている場所、このような場所に生えている野草は与えないようにします。

野菜は必ず与えます。大好きなフルーツは、おやつとして時々与えましょう

野菜を顔の前で動かすと、興味を示してくる子が多いようですよ

### ■ステージによって野菜の切り方を変えよう

◀ベビーのためのキャベツ。口の小さいベビーのために、食べやすいみじん切りに

▼ヤングアダルトのためのキャベツ。やや口が大きくなったら、粗めのみじん切りに

◀アダルトのためのキャベツ。口が大きく噛む力も強いアダルトにはざく切りで

## 野菜の与え方

野菜はフトアゴのサイズに合わせて、食べやすい大きさにカットしてあげましょう。ベビーの頃は口も小さいのでみじん切り、アダルトになったら大きめのざく切りにします。先にも書いたように、なかなか興味を示さない場合は、野菜を顔の前で動かしてあげると食べてくれることもあります。人工フードと同様に、ベビーの頃から野菜を食べることを習慣付けておくことが大切です。

## フルーツはおやつとして

フトアゴはフルーツも大好きです。イチゴやリンゴ、バナナなどを喜んで食べくれるでしょう。しかしフルーツは糖分が多いので、こればかりを与えると栄養バランスが崩れてしまうのでよくありません。フルーツはおやつとして時折与えるようにします。

イチゴやバナナが好きな個体が多いようです。糖分が多いので、与えすぎに注意

タンポポ

オオバコ

# 昆虫

昆虫は栄養価が高く、フトアゴにとっては良い餌となります。特に成長期のベビーやヤングアダルトには欠かせない餌です。主な餌用の昆虫は、コオロギ、ミルワーム、シルクワーム、ハニーワーム、デュビア（餌用ゴキブリ）などです。いずれの餌も栄養価に差があり、継続的に与えるものと時折与えるものを使い分けるといいでしょう。各餌の栄養価は表を参照してください。また、各昆虫については、以下で紹介します。これらはショップで販売されているので、定期的に購入して与えましょう。なかなかショップに通えない場合は、通販を利用したり自分でキープするのも方法です。また昆虫を加工した缶詰フードも販売されています。生きた昆虫のストックが切れてしまった時には、これらを利用するのもおすすめです。

## 昆虫と含有栄養成分量比較

（各検体 100g 中の含有量）

| 栄養成分＼昆虫 | 水分 | タンパク質 | 脂質 | カルシウム | 炭水化物その他 |
|---|---|---|---|---|---|
| シルクワーム | 79g | 15g | 2g | 93mg | 4g |
| ミルワーム | 59g | 22g | 14g | 15mg | 5g |
| コオロギ | 69g | 22g | 6g | 23mg | 3g |

※資料提供／シルクサービス

Sサイズの幼虫コオロギ。ふ化後間もないベビーにはこのサイズが最適

Mサイズの幼虫コオロギ。ベビー～ヤングアダルトに適したサイズ

Lサイズの成虫コオロギ。アダルトに最適。後ろ肢は硬くて未消化になりやすいので、取ってから与えるのもおすすめ

## コオロギ

最も定番の餌昆虫です。栄養バランスが良く、多くのショップで扱っているため入手が容易。比較的安価なのものうれしいところ。1cm 未満の幼虫から3cm 弱の成虫まで各サイズ揃っているのもポイントで、フトアゴのステージに合わせてコオロギのサイズを選びましょう。ベビーやセミアダルトの飼育時には、コオロギがメインの食事となることが多いので、良質なものを与えることが大切です。自宅でストックし、コオロギに餌を与えてから給餌するというのもテクニックのひとつ。コオロギの専用フードも発売されています。

コオロギには野菜なども与え健康に育てましょう

コオロギの餌には、専用フードが便利。写真は「コオロギフード」（月夜野ファーム）

衣装ケースを利用してコオロギのストック。狭いケースでは共食いすることが多く、できるだけ大きなものを使用します。ケース内は、紙製の植木鉢やボール紙などでシェルターを作り、コオロギが立体的に動けるようにするのが、長生きさせるコツ。もちろん水や餌も与えます

## ミルワーム、ジャイアントミルワーム

コオロギ同様安価で入手が容易な昆虫。小さなものはミルワーム、大きなものはジャイアントミルワームと呼ばれ、これらは別種。売られているのは幼虫で、高タンパクで嗜好性が高くフトアゴは好んで食べますが、あまり消化がよくありません。脂質も高く、専食させていると体調を崩すことがあるので、時々与えるくらいにするのがいいかもしれません。

ジャイアントミルワーム。けっこう大きく、ヤングアダルトやアダルトに向きます

## 昆虫の加工品

昆虫を乾燥、煮沸、冷凍処理した餌も発売されています。保存が効くので、計画的に給餌することができます。生き餌を使う場合でも、普段から時々与えて餌付かせておくと、生き餌を切らしたときにつなぎになるので便利。備えあれば憂いなしですね。

◀カンオークリケット（ZOO MED JAPAN）
生きたコオロギを与えられないときに便利な、コオロギの缶詰

▶乾燥コオロギ（月夜野ファーム）
コオロギを乾燥させてパックしたもの。常時または非常時にも便利。フタホシコオロギとイエコオロギの２タイプがある

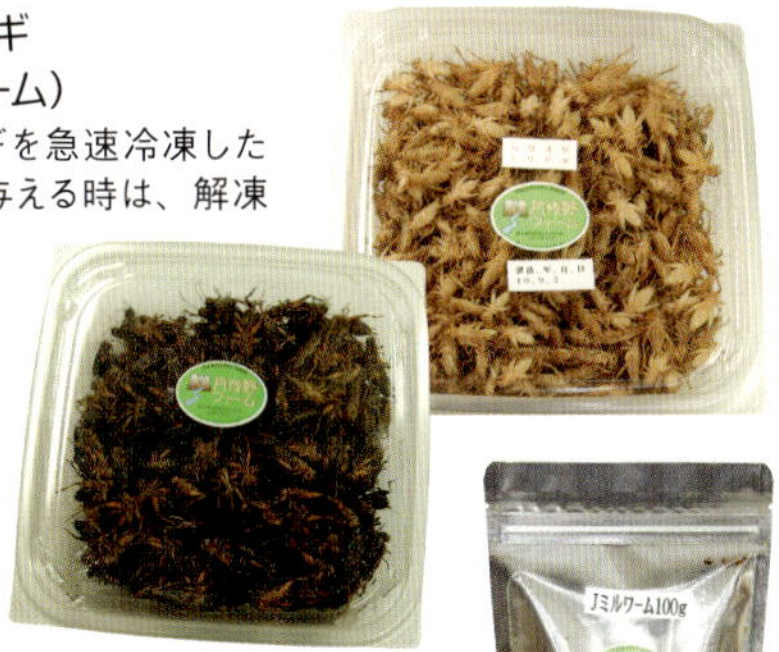

▶冷凍コオロギ（月夜野ファーム）
生きたコオロギを急速冷凍したもの。生体に与える時は、解凍してから与える。フタホシコオロギとイエコオロギの２タイプがある

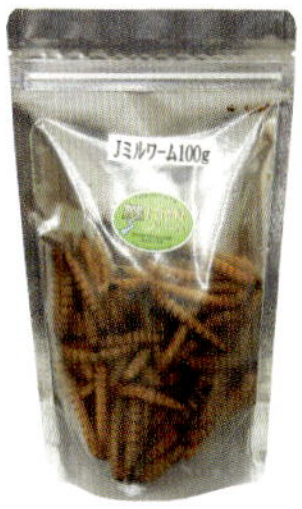

▶冷凍ジャンボミルワーム（月夜野ファーム）
生きたジャンボミルワームを急速冷凍したもの。生体に与える時は、解凍してから与える

◀マルベリーカルシウム（月夜野ファーム）
３種類の異なるカルシウムに、桑の葉（マルベリー）のパウダーを加えた爬虫類専用のカルシウムサプリメント

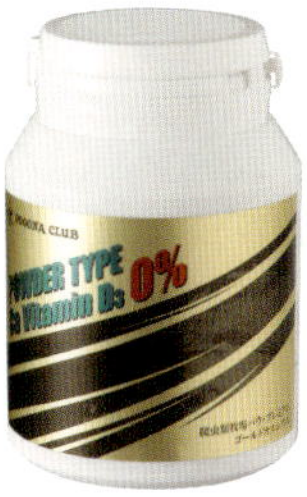

▶ゴールドカルシウム（ポゴナ・クラブ）
国産のカキ殻を原料とした、リンを含まない炭酸カルシウム。ビタミン $D_3$ を含んだタイプもある

カルシウム（ジェックス）
リンを含まないパウダー状のカルシウム。ビタミン $D_3$ を含んだタイプもある

## シルクワーム

シルクワームとはカイコの幼虫のことです。本来は絹を得るための養蚕に利用されていましたが、近年は爬虫類の餌としての利用価値が高まっています。特徴は低タンパクで高カルシウムという点で、フトアゴの餌としても注目されています。コオロギよりも高価ですが、専用のフードが発売されていてストックしやすく、死ににくいのもメリットでしょう。

◀シルクワームは動きが遅いので、ピンセットなどでつまんで動かすとフトアゴの食いつきが良くなります

▶このソーセージのようなものがシルクワームの餌。プラケースなどにシルクワームを収容し、餌を適当なサイズにカットして与えます

## その他の餌

その他、フトアゴの餌として利用されるのは、昆虫ではハニーワームやデュビアなどがあります。ハニーワームはワックスワームやブドウ虫とも呼ばれ高タンパクで、嗜好性が高いのが特徴です。ベビーの副食として、拒食しがちな個体や産卵前後のメスに与えるのもいいでしょう。デュビアは餌用のゴキブリです。栄養価が高く爬虫類用の餌としてはよく知られており、時折アダルトに与えるのもいいでしょう。また、昆虫ではありませんが餌用の冷凍マウスを与える人もいます。栄養価が高いので与えるなら繁殖時など、時折で十分でしょう。

## サプリメント

通常の餌をバランスよく与えているつもりでも、栄養素が足りないこともあります。サプリメントは足りない栄養素を補うための補助食品です。粉末状のカルシウム剤とビタミン剤が一般的で、野菜や昆虫に粉末をまぶして与えます。与えすぎは良くないため、用量を守ることが大切です。

サプリメントは別の容器で餌と混ぜてから与えるといいでしょう

## 7 ハンドリング

動物などに触れたり、扱うことをハンドリングと言います。フトアゴはハンドリングできる、触れ合うことができる爬虫類で、それが大きな魅力でもあります。しかし、人に馴れていない個体をいきなりつかんだり乱暴に扱えば、人を怖がるようになるかもしれません。ハンドリングすることがストレスになってしまうのは避けたいところです。例えばフトアゴの購入後1週間ほどはハンドリングせずに、まずは環境に慣らすようにします。その後、手のひらを見せ、手が怖くないことを覚えさせます。そして持ち上げる時は、アゴの下やお腹からすくうようにします。決して足や尾をつかんではいけません。フトアゴが自ら手の上に乗ってくるようになるまでは、ちょっと時間がかかるかもしれません。まずは手のひらに餌を乗せて与えることを繰り返すのが効果的。徐々に手から腕に餌を移動し、フトアゴが自ら乗ってくるようになれば、かなり馴れたと言えるでしょう。その後は、ケージの外で餌を与えるなど、手で触れた後は良いことがあると覚えさせれば、ハンドリングはうまくいくはずです。ちなみにハンドリングする場所は、フトアゴの体温を下げないように暖かい場所で行ない、ハンドリング後は必ず手洗いをしましょう

ハンドリングする時は手のひらを見せて安心であることをアピール

◀体を持ち上げる時はアゴの下側から手を入れます

▼お腹をそっとやさしく包むようにして持ち上げます

▲肩で休憩中。頭の上まで登ることもあります

◀フトアゴは手から胸を伝って肩まで登ったりします。本来は半樹上性の爬虫類で、木登りが得意だからかもしれません

移動する時は手のひらの上に乗せて

## 8 脱皮

脱皮は成長の証です。フトアゴは頻繁に脱皮をする爬虫類。特に新陳代謝の活発なベビーからヤングアダルトの時期には、いつも脱皮していると感じるほどです。脱皮時には各部位ごとに皮がむけ、そのままにしておけば自然と脱皮が完了します。しかし、稀に脱皮がうまくいかずに指が欠損したり、角質のように皮膚に残って炎症を起こすなど、脱皮不全を起こすことがあります。脱皮が下手な個体には、温浴で皮膚を柔らかくして脱皮の手助けをしてあげるのも方法です（温浴の方法は次ページ参照）。乾いた状態で無理にはがすと、皮膚を傷付けることがあるのでやめましょう

◀脱皮で口の周りの皮膚が浮いています

▶岩を抱っこしていますが、これは脱皮中の行動。古い皮膚を岩にこすり付けてはがします

## 9 温浴

温浴とはフトアゴを温水に入れてケアすることで、体の汚れを取り除いたり、脱皮をしやすくする、水分の補給など、いくつかの効果があります。温浴に関しては賛否両論ありますが、最近では実践している飼育者も多く、ひとつのケア方法として紹介しておきます。その方法は、下の写真を参照してください。お宅訪問のページでも、温浴を積極的に実践している飼育者もいますので、そちらも参考になるはずです。定期的に温浴させるなら水を飲ませる目的で週1～3回行ないます。また、糞で体が汚れた時に行なってもいいでしょう。温浴が習慣になると嫌がらなくなりますが、それでも嫌がる個体もいるため、フトアゴの様子を見ながら、ストレスにならないように行なうことが大切です

1

温浴は全身が入るくらいの容器で行なうのがおすすめです。大きなプラケースやバットを用意します。また、温浴は必ず暖かい部屋で行ないます

2

水温は 35℃くらいの温水で。水温計を用意するなど、管理は万全に

3

水位は体が踏ん張れるくらいの深さにします。体が浮いてしまうと、溺れる可能性があるので注意します

4

汚れている部位は、温水を含ませた柔らかい布でやさしくなでて、汚れを落とします

5

糞などがこびりついて汚れている場合は、柔らかい歯ブラシなどでやさしくこすりきれいにします。強くこすると皮膚にダメージを与えるので、やさしくゆっくりと

6

温浴後はそのままにしておくと体が冷えてしまうので、タオルなどで水気を吸い取り、すみやかにケージ内に戻しましょう

日光浴中。けっこう気持ちよさそうです

## 10 日光浴

自然下では本来太陽を浴びて健康を維持しているので、機会があったら日光を浴びさせるのもいいかもしれません。ただし、注意点がいくつかあります。ベビーは環境変化や脱水に弱い面があるので、日光浴させるのはアダルトで。そして外に出すときは必ずハーネスを装着して、逃げないようにします。温度は外気温で 25～26℃が適温で、真夏の直射日光の元に放置すれば、日射病や熱射病の危険もあるため、注意しましょう

## 11 爪切り

フトアゴの爪はけっこう鋭く、伸ばしたままにしておくとトラブルの原因になることがあります。ハンドリングの際に飼育者の肌を引っかいたり、衣服に爪を引っかけたり、流木への上り下りの時に爪が欠ける危険もあります。適度に運動をしていれば爪は自然に削れますが、見た目にも伸びすぎているようなら、先端だけをわずかにカットして、ヤスリがけしておくといいでしょう。切りすぎると出血するため、爪先を整えるくらいで十分です

フトアゴの爪切りには、小動物用のものを利用します

爪のヤスリがけには、小動物用の爪ヤスリが便利です

先端の鋭くなった部分をカットします。指先をしっかり固定してカットしましょう

カットした先端を爪ヤスリでなめらかにします

## 12 外出

フトアゴを連れて散歩!? 実は犬のように歩かせて散歩させている人もいるのです。実際にそこまでするのは何かと大変ですが、フトアゴを抱っこして散歩するくらいなら可能でしょう。もちろんこれには、十分に馴れた個体であることが前提。外に連れ出すときは、脱走や急な動きを防ぐために、フェレット用のハーネスなどを付けておくのも方法です。また、気温が低い季節に連れ出すのはNG。さらに電車やバスなどの公共交通機関、不特定多数の人が利用する施設では、フトアゴとの散歩は控えましょう。誰もが爬虫類が好きとは限らないですから。ちなみに、引っ越しや単純な移動などでフトアゴを動かす際は、犬や猫などのキャリーケースを利用するといいでしょう

小型犬用のキャリーケースを利用する場合、ケースの底にペットシーツを敷いておけばフトアゴが安定し、糞をしても掃除が楽です

フトアゴにはフェレット用のハーネスが合います。最近ではフトアゴ専用のハーネスもリリースされています

ハーネスを取り付けた状態。嫌がる場合は、無理強いしないように

### おでかけフトアゴ発見!

日本では年に数回、爬虫類の大きなイベントが開催されています。その会場にフトアゴを連れた人がいるとの情報をキャッチ。いました〜。エリザベスカラーのようなシュシュを付けたキュートなフトアゴさんが2匹も!! フトアゴを連れていたのは、K.Eさん。フトアゴやたくさんの生き物と暮らす女性です。フトアゴとは毎日一緒に寝るくらいベタ馴れで、普段からスキンシップを欠かさないとか。会場では多くの人に囲まれて写メをお願いされていました。爬虫類のイベントで会えるかもしれませんよ。

◀2匹は姉妹。紫のシュシュを付けた子が姉の華穂、ピンクが妹の美穂(ともに3歳)。かわいいですね〜♥

▶K.Eさんから送っていただいた、家でのフトアゴ姉妹。なんと、布団で寝ちゃってますね〜

# 飼育ケージをセットしてみよう

## ～ベビー飼育のためのセッティング～

ここまででフトアゴに適した環境と、それを演出するための器具、餌や健康管理方法などを解説してきました。ここでは飼育ケージのセッティング例を、順を追って解説します。ベビーのためのセッティング例の他、ヤングアダルトとアダルトの飼育例も紹介し、まとめとして各ステージの飼育時のポイントを挙げています

### ベビーの飼育セッティング例で使用する器具

■**ケージ**：レプロ 645
61 × 41.5 × 45.5 (H)cm
■**床　材（ペットシーツ）**：ピープロシーツ
■**全体保温球**：エミートⅡ
■**バスキングランプ**：レプロ防滴スポットランプ
■**パネルヒーター**：マルチパネルヒーター 16W
■**紫外線ランプ**：レプロ UVB ランプフォレストサン 15W × 1、ナチュラルサン 15W × 1
■**サーモスタット**：爬虫類サーモ
■**温度計**：レプロサーモメーター
■**湿度計**：レプロハイグロメーター
■**餌入れなど**：コーナーディッシュ、ログシェルター

※使用した器具は、サーモスタット（ジェックス）、ペットシーツ（P-PRO オリジナル商品）

## SETTING 1 ケージの設置と床材の用意

ケージは温度変化が少ない部屋に設置します。直射日光が当たって急激に温度が上がる場所や、外気に接して冷え込むような場所は避けましょう。ケージは床から離した方がフトアゴが落ち着きやすいため、アングル台の上に置くといいでしょう。床材は、ベビーが誤飲しやすい砂やクルミ殻などは控え、ペットシーツを使用します。ペットシーツは、底面をすべて覆うように隙間なく敷きます。

ガラスを使用した爬虫類用のケージは、頑丈で重量があるため、しっかりした台の上に乗せましょう

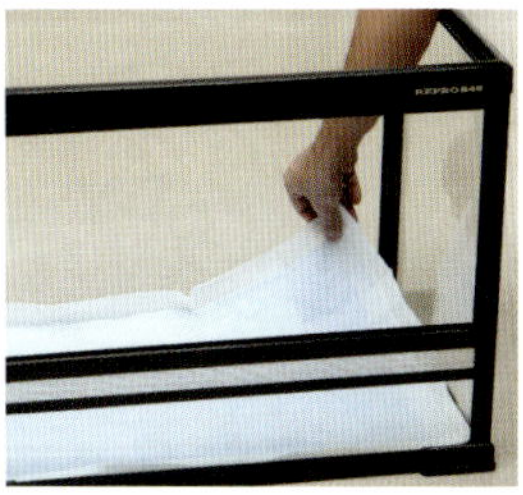
ペットシーツは犬猫用として売られているものを利用するといいでしょう。底面を覆うように敷きます

## SETTING 2 パネルヒーターの設置

ケージを下部から温めるためのパネルヒーターを設置。設置する場所は、バスキングスポットの下にします。爬虫類専用ケージの場合、パネルヒーターを入れるための隙間が確保されているなど、飼育者にうれしい設計になっていることも。パネルヒーターのサイズは、ケージ底面の 1/3 ほどをカバーできれば十分です。

レプロケージの場合、コーナーフットで底面全体がリフトアップされているので、パネルヒーターを傷付けることなく設置可能

パネルヒーターはこんな感じでケージの下に敷きます。この上にバスキングスポットを作るようにします

## SETTING 3 保温球の設置

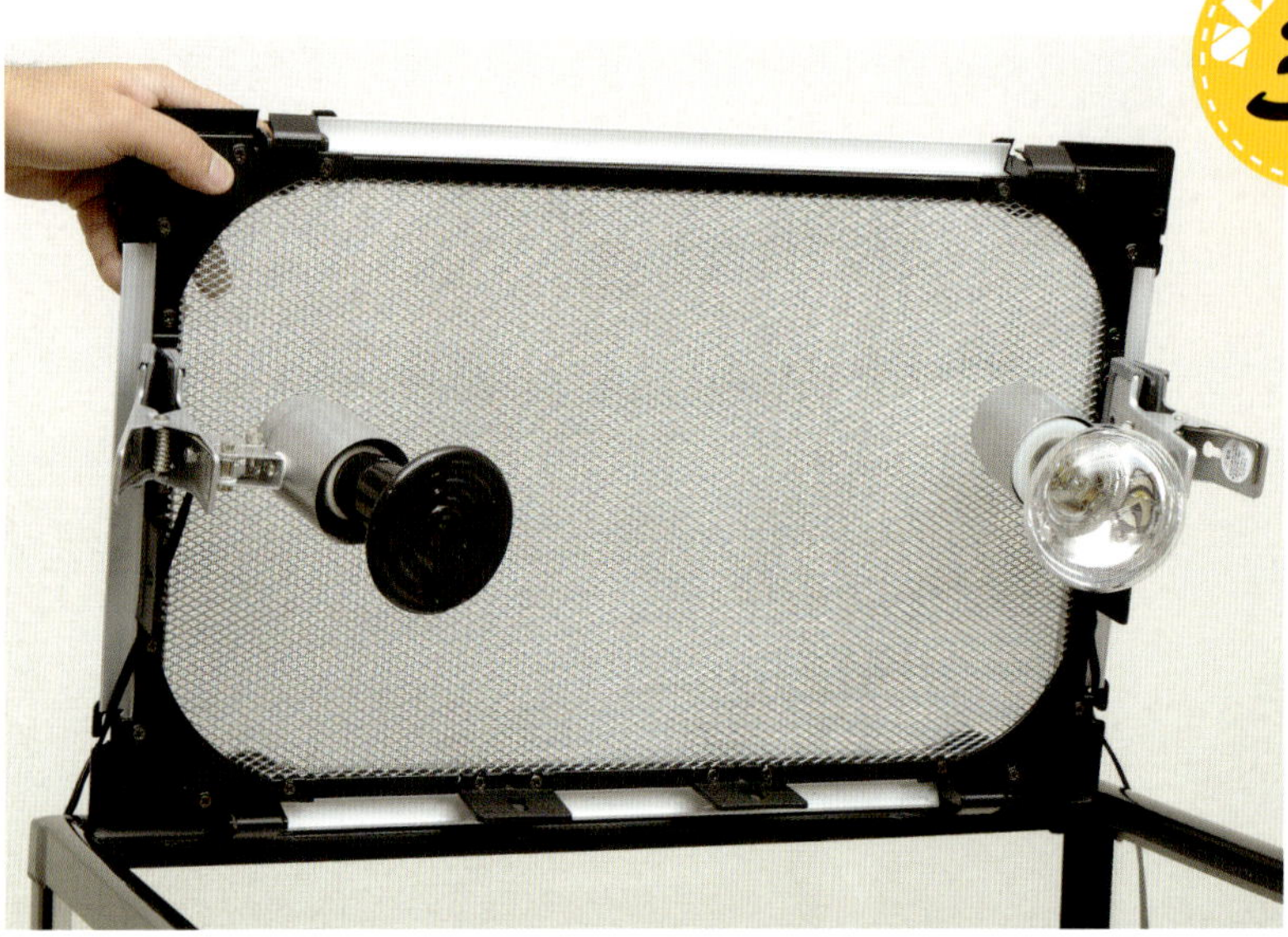

ケージ全体を保温する全体保温球と、フトアゴの体温を上げるバスキングランプを設置します。ケージの蓋の内側に可動式のクリップ型ソケットを取り付け、保温球をねじ込みます。後でランプの照射角度を調整しましょう。保温球は高温になり、物が触れると発火の恐れもあるので、アクセサリが接触しないように注意します。

写真左にセットしたのが全体保温球で、光を出さないタイプ。右がバスキングランプで、今回は防滴仕様のランプを使いました

## SETTING 4 紫外線ランプの設置

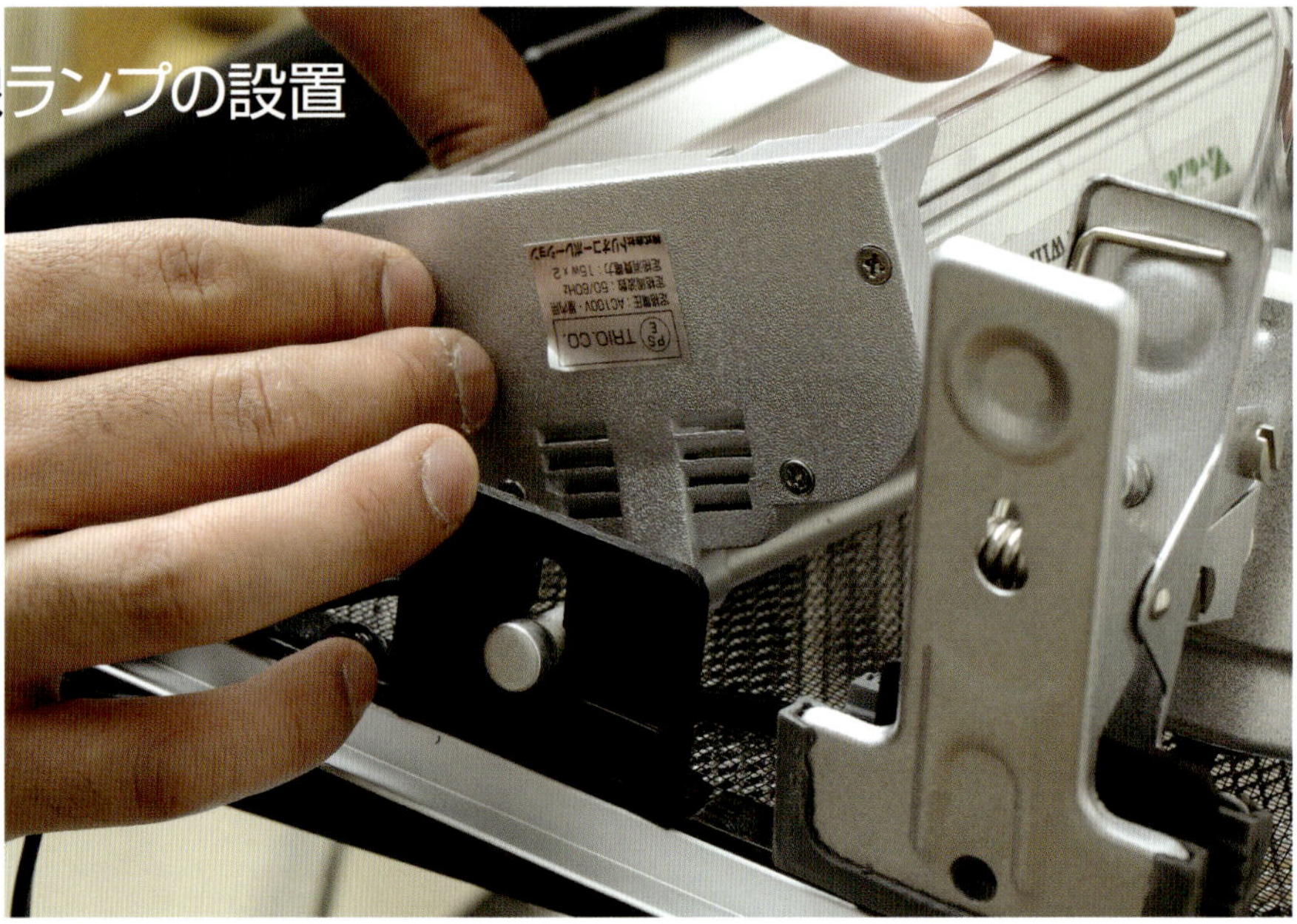

蛍光灯は蓋の上に乗せると光が遮られるため、内側に吊るします。落下しないように、ストッパーに固定します

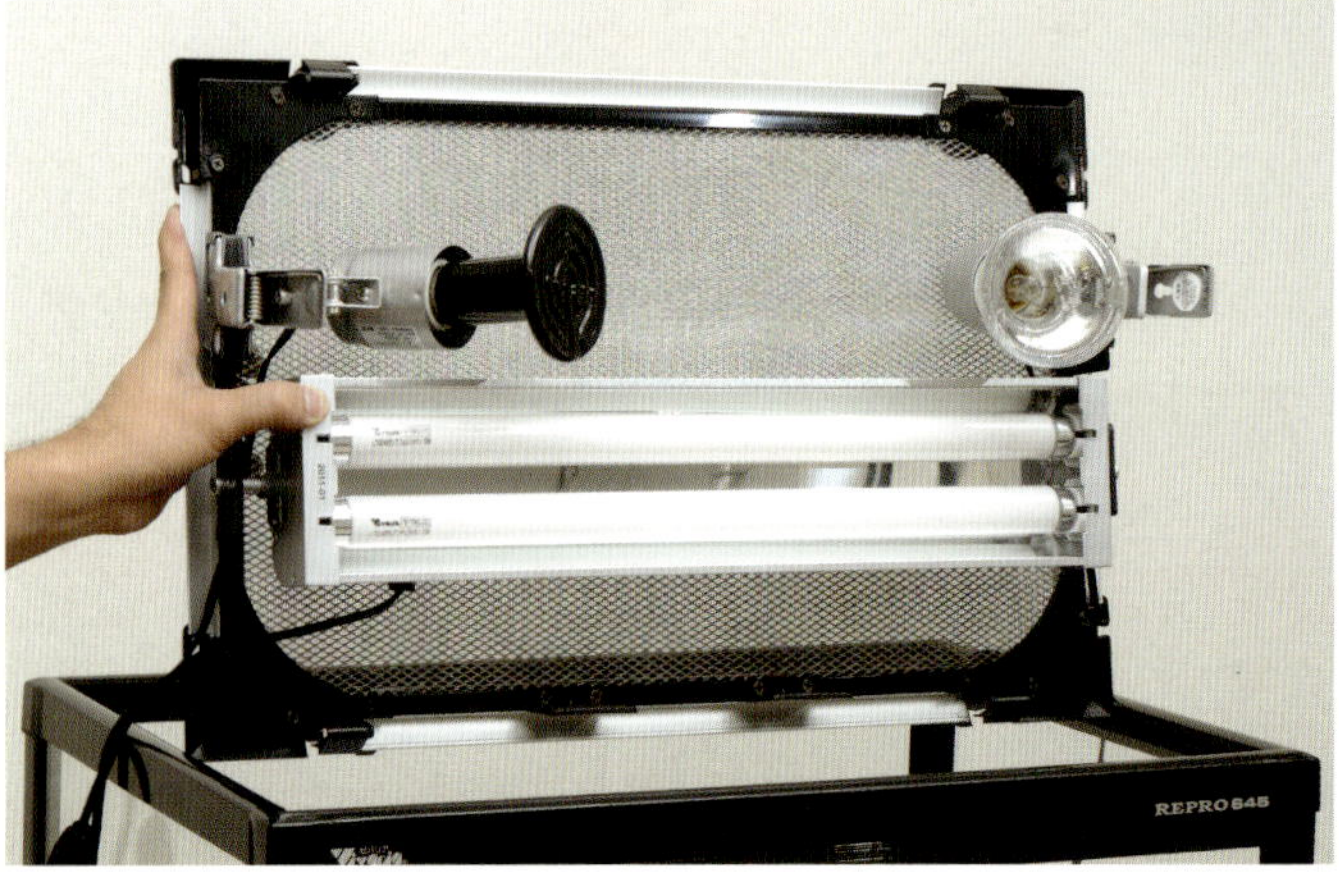

紫外線ランプを設置します。紫外線ランプは、蛍光管タイプのUVBランプ15Wを2灯用意。蛍光灯器具に蛍光管を取付け、ケージの蓋に固定します。爬虫類専用ケージの場合は安全に固定できますが、他の水槽などを利用する場合は、蛍光灯が落下しないような工夫が必要となります。

保温球と蛍光灯を設置した状態。これでライト関係の設置はひとまず完了です

## 5 細部のチェック

コード用の穴は、開閉できる仕組みになっています

ライトのコードは、蓋にある専用の穴から出してサーモスタットにつなげます。これも爬虫類専用ケージならではの設計。他の水槽を利用する場合は、コードを出す穴が大きいとフトアゴが脱走する可能性もあるので、穴はできる限り小さくし脱走を防止しましょう。

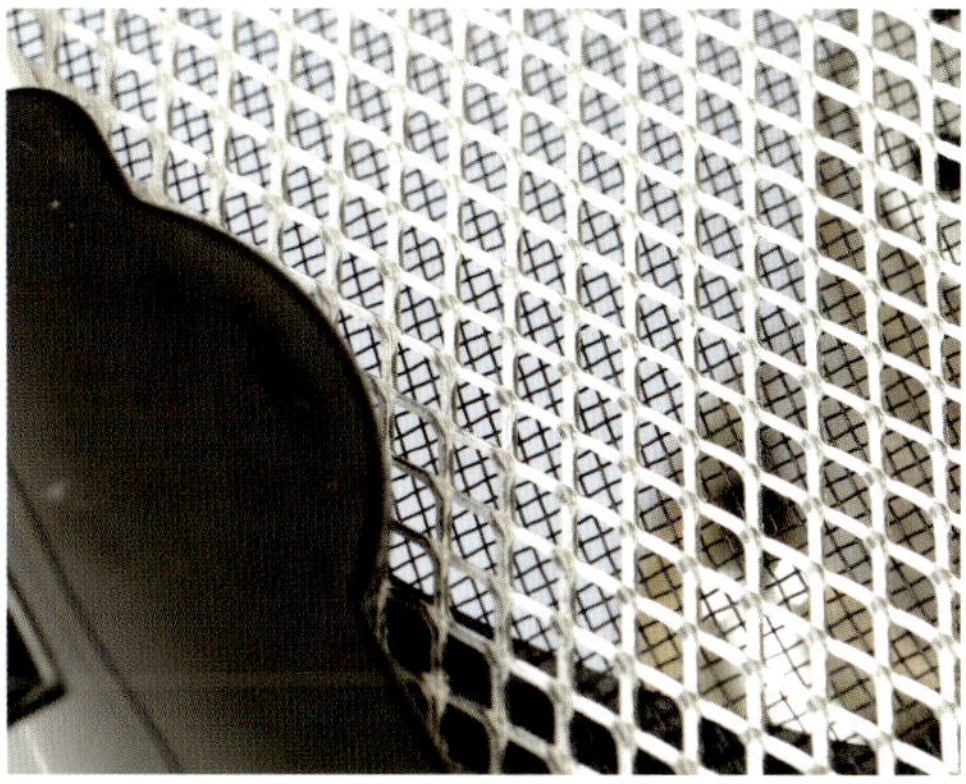

蓋は通気性に優れるメッシュ。穴のサイズが違うメッシュが二重になっていて安全面にも配慮されています

## 6 サーモスタットの設置

サーモスタットは温度を自動管理する器具です。常に自宅にいて温度管理できる場合は必要ありませんが、外出の機会が多い人には使用をおすすめします。今回使用したのは爬虫類専用のサーモスタットで、一台で保温器具と紫外線ランプの管理、また昼と夜の温度管理が可能です。ちなみにパネルヒーターは独立した器具であるため、サーモスタットにはつなげません。

サーモスタットに全体保温球、バスキングランプ、蛍光灯のコンセントをセットします。今回は撮影のためにサーモスタットを水槽前面に設置していますが、通常はサーモスタットの温度表示を確認しやすい場所であれば問題ありません

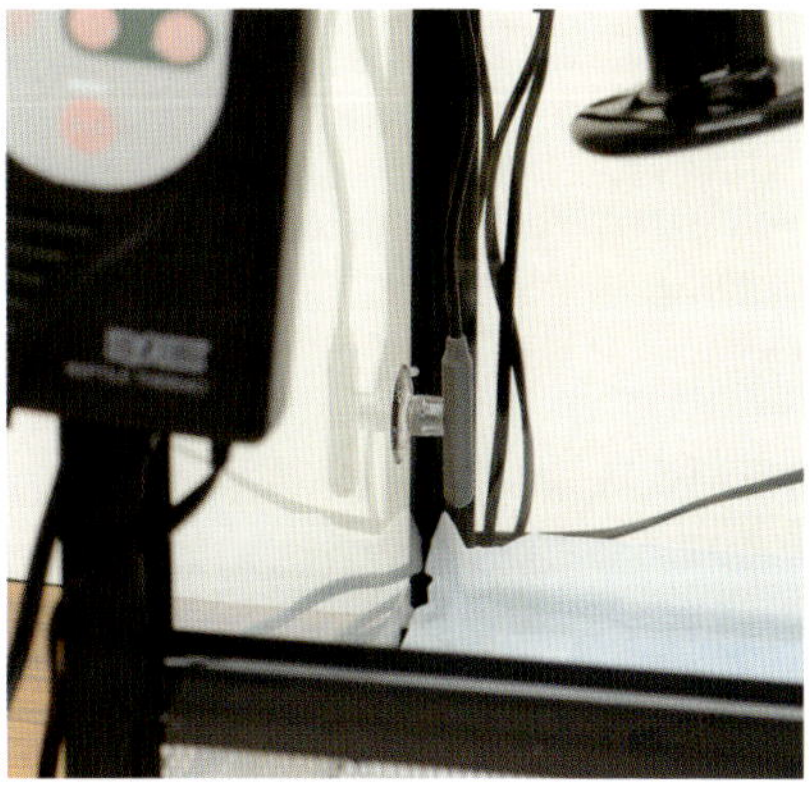

サーモスタットの温度センサーは、フトアゴがいることが多いケージの下層にセットします

## SETTING 7 温度計、湿度計をセット

温度計は必ず2個用意し、写真のようにケージの左右に離して設置します。写真では左側の温度計がケージ全体の温度を確認するためのもの、右側がバスキングスポット周辺の温度を確認するためのものです。このように全体の温度とバスキングスポットの温度を常にチェックできるようにすることが大切。湿度計は全体の温度をチェックする温度計の隣に設置するといいでしょう。

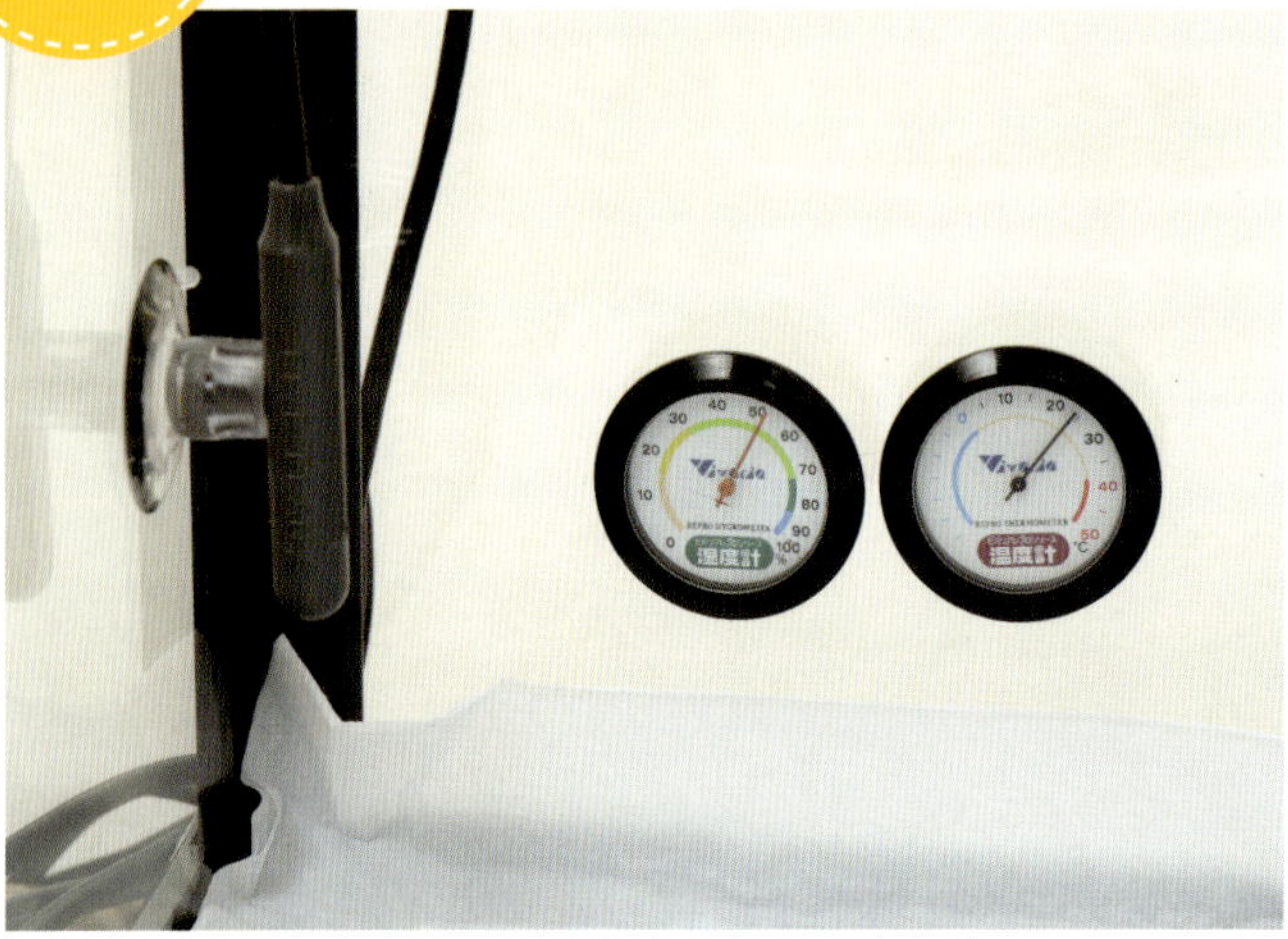

温度計はサーモスタットのセンサー付近にセットしておけば、サーモスタットの表示温度とのダブルチェックが可能です

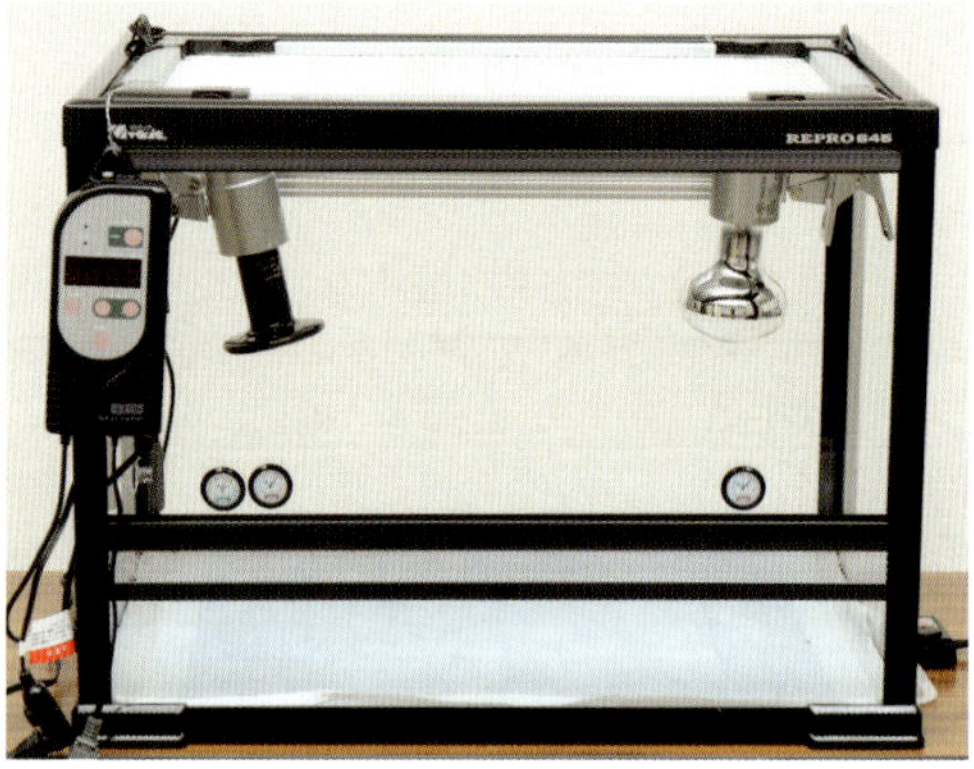


温度計をケージの左右に設置し、ケージの中が適温になっているかをチェックします

## SETTING 8 餌入れや水入れの設置

ここまでで主な器具のセットは完了。後は餌入れと水入れを置く場所を決めましょう。一般に水入れはコーナーに、餌入れは出し入れしやすく、フトアゴが餌を食べているところが確認しやすい場所に置きます。また、バスキングスポットには、フトアゴが体を乗せて光を浴びることができるように、アクセサリを設置します。いずれのアイテムも爬虫類専用のものが使いやすく、また安全設計なのでおすすめです。

水入れはコーナーに設置し、毎日新鮮な水と交換します

餌入れと水入れ、シェルターを配置。ベビーの飼育時は、ケージ内のレイアウトはシンプルに

## SETTING 9 セット完了

無事にベビーを迎え入れることができました。
これからは毎日世話をして、日々の成長を見守ります

セットが完了したらサーモスタット、パネルヒーターの電源を入れて、温度が設定通りになるかを確認します。さらに1日以上はフトアゴを入れずに試運転を続けて、昼夜の温度や器具類に異常がないかをチェックしましょう。すべての器具が正常に動いているようなら、飼育の準備は整いました。餌を用意して、新しい家族を迎え入れましょう。

バスキングスポットは、ベビーにとっても大切な場所。
日中は 35 ～ 40℃に調整します

### POINT ベビー飼育時のポイント

- 床材にはペットシーツを使用
- 餌はこまめに与えて成長を促す
- ヤングアダルトになるまでは外泊を控え、きめ細かいケアをする

# ヤングアダルトの飼育例

砂漠をイメージしてレイアウトしました。心なしかフトアゴがワイルドに見えます

ヤングアダルトでは、ケージはベビーの頃と同じものでも大丈夫です。ただし、体はだいぶ大きくなってくるので、バスキングスポットに設置するシェルターなどは大きなものに交換します。また、床材には砂やクルミ殻を使用するのもいいでしょう。雰囲気がだいぶ違って見えますね。もちろんベビーの時と同じようにペットシーツの使用を継続しても、まったく問題ありません。気分を変えたい時、またフトアゴの違った一面を見たい時には、レイアウトを変えるのもおすすめです。

背景は、コルクバークをケージの外側に取り付けているので、いつでも取り外し可能です

**ヤングアダルト**
**飼育時のポイント**

- 人工フードをアダルト用に切り替えるが、粒が大きく食べづらい場合は、半分に折ってからふやかす
- 野菜と人工フードの割合を増やしていく
- 大きなケージでの飼育に切り替える準備をしておく

POINT

# アダルトの飼育例

ケージが大きくなると、アダルトも快適に過ごせます。ジャングルのような雰囲気もなかなかですね

人工の植物や、つたなどのアクセサリが保温球に触れると溶けることがあるので、接触させないように。また、アクセサリは誤飲に注意することも大切です

アダルトでは体がだいぶ大きくなるので、幅90cmクラス以上のケージでの飼育がおすすめ。ここでは、81×50×50.5（H）cmの「レプロ850」を使用しています。ケージ以外の器具類はセミアダルトのものを使用できますが、保温球のワット数が低いようなら、保温球を追加したりワット数の大きなものに交換します。右のセミアダルトのケージでは砂漠のようなイメージを演出しましたが、ここでは人工の植物「フォレストリーフ」や、つた「フォレストヴァイン」を使って、森林のような雰囲気を出してみました。

### アダルト飼育時のポイント

- 大きなケージに変えた後は、温度調整がきちんとできているかをチェックする
- 野菜と人工フードをメインにし、餌は毎日～数日おきで
- 昆虫は1週間に1～2回で問題ないが、やせないように管理する

POINT

Lovely
フトアゴ生活
愛好家訪問3

高垣《たかがき》珠江《たまえ》さんファミリー

# 家族みんなにマイフトアゴ！日本一(!?)のフトアゴファミリー登場!!

な、な、なんと！家族全員がそれぞれにフトアゴを飼育している高垣さんファミリー。5人と5匹、その「絆」に迫ってみましょう

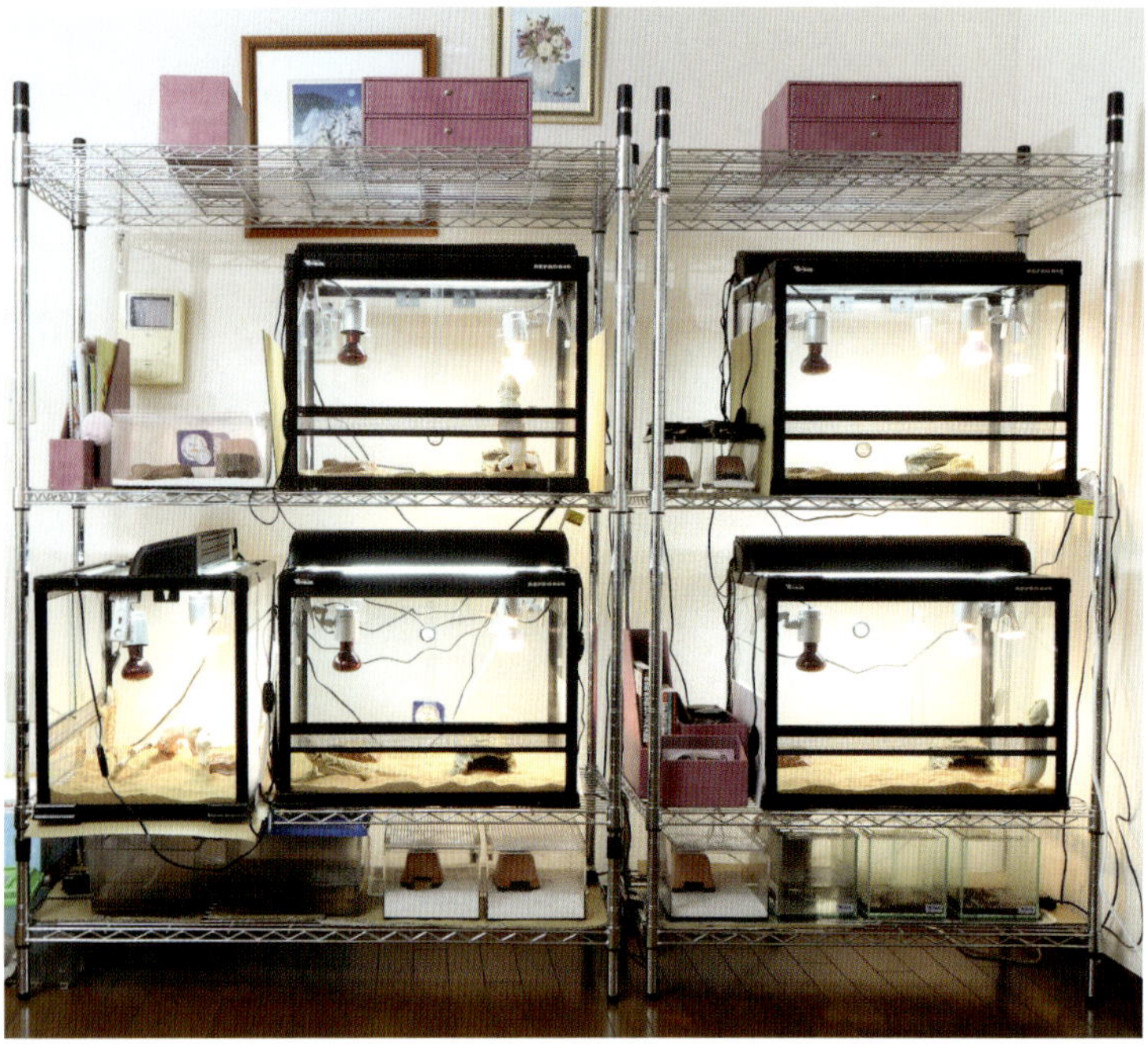

リビングには、信宏さんが組んだアングルに5本のケージが並んでいます。ガラスに寄りかかってこちらを見ている子もいますね。フトアゴが来てからは、ヒョウモントカゲモドキやカエルなど、他の生き物もたくさん増えました

「ヒー」は、若菜さん以外の腕には、なかなか飛び乗らないとか。ちゃんと飼い主を見分けているようです

## フトアゴがやってきた5人と5匹の大家族！

なんと、家族5人がそれぞれにマイフトアゴを飼育中！という情報を聞きつけ、期待を胸にお邪魔した取材子を迎えてくれたのは、フトアゴを抱っこした子供たち！取材前からビックリ!! これは期待大です。

今回ご登場いただいたのは、高垣珠江さんファミリー。ご主人の信宏《のぶひろ》さんと長女の若菜《わかな》さん（10歳）、長男の正樹《まさき》君（7歳）、次女の菜摘《なつな》ちゃん（5歳）そして、フトアゴ5匹を加えた大家族です。

高垣家にフトアゴがやってくるきっかけとなったのは、生き物好きの正樹君。特に爬虫類がお気に入りで、カメレオンかイグアナを飼って

# Lovely フトアゴ生活❸高垣珠江さんファミリー

高垣ファミリーが全員集合です。それぞれにマイフトアゴを抱えて、みんないい笑顔をしてますね！　こんな風に家族を幸せにできるのも、フトアゴの魅力でしょう

### 高垣ファミリーのフトアゴ飼育データ

| | |
|---|---|
| フトアゴ飼育歴 | 約半年 |
| 個体の名前／年齢／性別／サイズ | ●アゴ／1歳未満／メス／38cm　●ヒー／1歳未満／メス／40cm　●オーロラ／1歳未満／オス／41cm　●類／1歳未満／メス／30cm　●きい／1歳／オス／45cm |
| ケージのサイズ | 61×41×45（H）cm　レプロ645 |
| 基本温度の設定 | 25～30℃。高温時は35℃以下になるようにバスキングライトの手動ON／OFFで調整 |
| バスキングスポットの設定 | サングロー タイトビームバスキングスポットランプ75W（ジェックス）昼間点灯 |
| 保温器具の種類とW数 | ヒートグロー 赤外線照射スポットランプ75W（ジェックス）1日中点灯 |
| 紫外線ライト | レプティサン5.0UVB 20W（ZOO MED JAPAN）、レプティグロー2.0　20W（ジェックス）ともに7：00～19：00の間点灯 |
| サーモスタット | なし |
| 床材 | デザートブレンド（カミハタ） |
| 餌 | コオロギ、幼体フトアゴヒゲトカゲフード、コマツナ、チンゲンサイ、果物（リンゴ、バナナ、ミカン、イチゴなど）、水を常設 |
| サプリメント | ベーシックビタミン（ポゴナ・クラブ）、カルシウムパウダー（スドー） |
| 給餌頻度 | 午前中に人工フードと野菜、15：00以降にコオロギ、週に1～2回果物をおやつとして |
| 温浴の頻度 | 糞をした後に体を温かい流水で洗浄 |
| メンテナンス | 糞は見つけ次第取り出し、体を流水洗浄。脱皮時に鼻の皮だけ取り除く。1～2ヵ月に一度、床材を全て交換 |

みたかったそう。その希望をかなえるべく、２０１１年の夏、家族でホームセンターのペット売り場へ。しかし、そこにはお目当ての爬虫類の姿はなく、他のペットショップを紹介されたのだとか。訪れたペットショップでスタッフに相談すると、初めてならば飼育のやさしい種類を、とすすめられたのがフトアゴでした。すっかり魅了された正樹君。

そして、誕生日祝いとしてフトアゴがやってくることになったのです。「かわいかった、すごくうれしかったよ」。はにかみながら話す正樹君。名前はフトアゴのアゴから取って、「アゴ」に決定。「子供たちがアゴの取り合いをするくらい人気でしたね」と珠江さん。するとどうしても自分でもフトアゴを飼ってみたくなった若菜さんが両親を説得。「アゴ」が来た11月19日から2日後の21日には、若菜さんの「ヒー」がやってきました。そうなると黙っていられないのが、そう菜摘ちゃん。12月3日に念願のフトアゴ「オーロラ」が家族に。菜摘ちゃんのフトアゴを買うためにショップに行ったところ、実は「オーロラ」と同じようなサイズの子が他にもいたのです。心が動いた珠江さん。その子を自分のフトアゴにすることに決めました。

正樹君の「アゴ」。おっとりとした性格で、トイレの場所が決まっているきれい好き。コオロギの他には、カボチャやリンゴも好物

**アゴ**
- 年齢：1歳未満
- 性別：メス
- 全長：38cm

「アゴは僕の子供」と言う正樹君。生き物の図鑑が大好きで、取材時も分厚い爬虫類図鑑にくぎ付けでした

## フトアゴは家族の一員

高垣ファミリーのみんなが、フトアゴたちの性格をちゃんと理解しています。きれい好きの「アゴ」や「ヒー」、どこでも寝ちゃう「オーロラ」、やんちゃな「きい」に穏やかな「類」など、みんな個性的。生き物全員の誕生日も記録していますよ

菜摘ちゃん。どこでも寝てしまう「オーロラ」は、菜摘ちゃんの腕の中が、特にお気に入り。いつの間にか寝てしまいます

菜摘ちゃんの「オーロラ」。大好きなプリンセスシリーズのキャラクターからの命名。手の上でも抱っこしてても、どこでも寝てしまいます

**オーロラ**
- 年齢：1歳未満
- 性別：オス
- 全長：41cm

ところがです。一人だけフトアゴのいない信宏さん、帰宅する車中で家族にすすめられて…。「ちょっと欲しくなっちゃいましたね（笑）」車はショップへUターン。やや大きめの子を連れ帰ることになったのです。珠江さんは「類」、信宏さんは「きい」と名付け、一家5人と5匹の生活が始まりました。

## フトアゴとの生活で子供たちにも変化が

子供たちのフトアゴへの愛情は相当なもの。すでにベビーの時期を過ぎてアダルトになりつつあるフトアゴたちは、毎日のスキンシップでベタ馴れになりました。しかし、決して無理なハンドリングはせず、餌も適量を与えるなど、健康を管理しています。その指揮をとるのが若菜さ

「今日も快適〜」。ケージ内は35℃以上にならないように、日中は珠江さんがバスキングランプのON/OFFで調整しています

# Lovely フトアゴ生活❸ 高垣珠江さんファミリー

信宏さんの「きい」。体が黄色いことからの命名。性格はやんちゃで、大物の予感も漂います。新聞紙も食べようとするほどの食いしん坊。他の個体を見て興奮し、喉の下が黒くなってます

PROFILE

◀**きい**
- 年齢：1歳
- 性別：オス
- 全長：45cm

PROFILE

▶**類《るい》**
- 年齢：1歳未満
- 性別：メス
- 全長：30cm

珠江さんの「類」。爬虫類の類が名前の由来。雌らしく、おとなしくてきれい好き。ちょっとナイーブな面も見られます。果物が大好き

Family

PROFILE

**ヒー**
- 年齢：1歳未満
- 性別：メス
- 全長：40cm

若菜さんの「ヒー」。ヒゲトカゲの「ヒ」が名前の由来。人なつっこくて、トイレの場所や寝る場所が決まっています。野菜が大好き

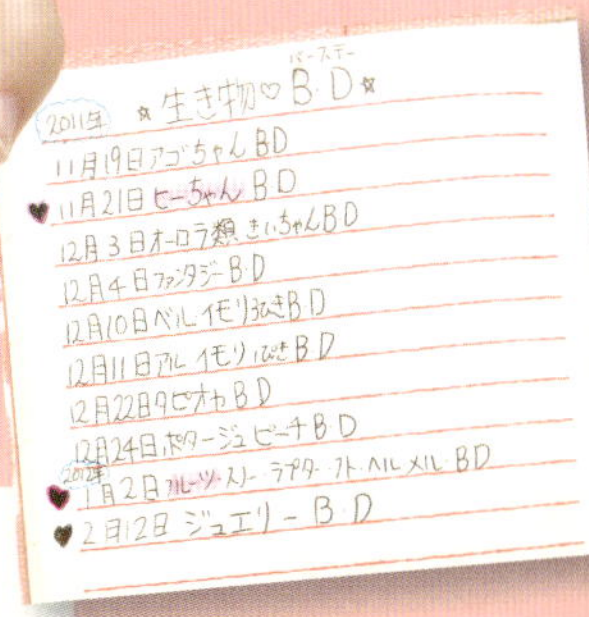


▲高垣家にやってきた日が、生き物たちの誕生日なのです

若菜さん。子供たちのまとめ役。「ヒー」のどこがかわいい？ との質問に、「全部！」と即答。「ヒー」は若菜さんにべったりですね

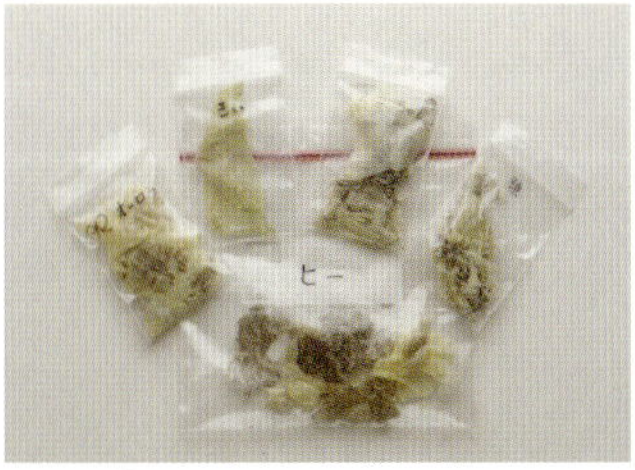


フトアゴたちの脱皮殻を、大切に保存しています。5匹もいると、いつでも誰かが脱皮中だとか…

ん。みんなのまとめ役で、下の子に少々無茶なことがあると、きちんと説明して、フトアゴの負担にならないようにしてあげています。

そして管理を全面的に引き受けているのが珠江さんです。「子供たちの手が離れたと思ったら、また手のかかる子供が増えちゃいましたね(笑)」。大変だと言いつつも、世話が大好きな様子の珠江さん。フトアゴたちの餌は2部制で、午前中に人工フードと野菜、午後にコオロギ。朝には必ず糞をするので、5匹分をその都度砂と一緒に取り出し、体を流水で洗うなど、きめ細やかな世話をしています。幼稚園に通う菜摘ちゃんが帰ってくると、お手伝いしてくれることもあるそうです。

コオロギは、若菜さんと正樹君が帰宅して子供たちが全員そろってか

子供たちがそろったら、コオロギを与える時間です。ビニール袋にサプリメントの粉末とコオロギを入れて、よくシェイクしてから与えます。コオロギを見るとフトアゴは動きが活発になります

## ゴハンの時間で「絆」を深める

フトアゴたちの好物コオロギは、必ず子供たちの帰宅後、だいたい15時以降に与えています。フトアゴをケージから出してから与えているので、どの個体もケージ外に出ても動じません。ゴハンの時間でフトアゴと飼い主の絆がより深まります

ゴハン欲しい子、足あげて〜

はい、はい、は〜〜い!

Takagaki Family

餌は午前に人工フードと刻んだ野菜。午後にコオロギを与えます。コオロギは切らさないように、箱に入れてストックしています

## 愛のフトアゴ写真館

写真提供／高垣珠江さん

ベビーのころは、複数で暮らしたことも

以前は複数で飼育していましたが、優劣が出てきたのを機に、単独飼育にしました

小さなころから、こんなふうに外の様子を見ていたんですね。このしぐさ…かわいい

一緒に遊んでほしいな〜〜

手に乗るくらいちっちゃな、おこちゃまでした

手のひらに乗るほど小さなころ。すぐに成長してしまい、「もっと写真を残しておきたかったですね」と珠江さん

Babies Gallery

# Lovely フトアゴ生活 3 高垣珠江さんファミリー

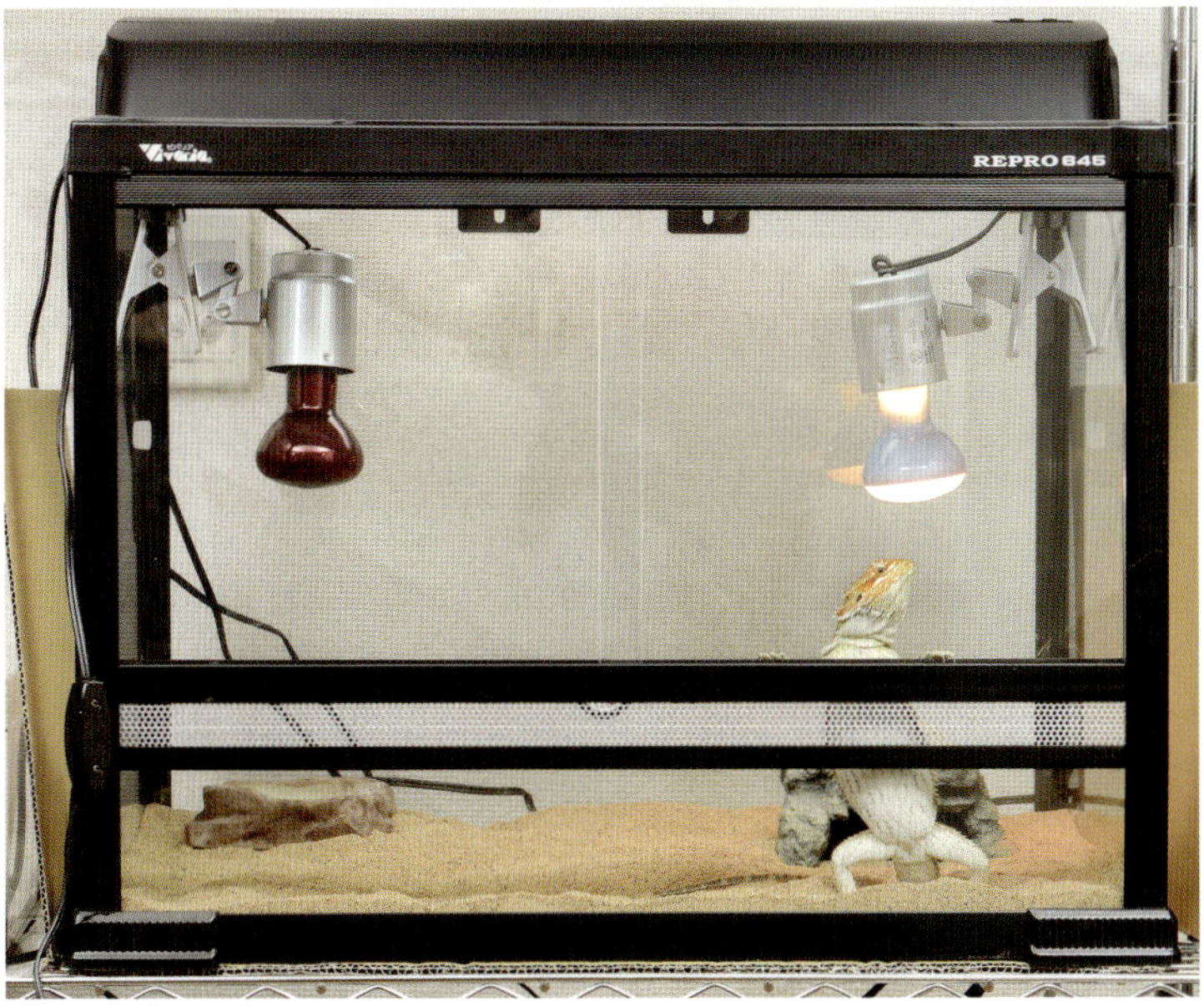

▲ケージはすべてのフトアゴに、「レプロ 645」を使っています。床材は「デザートブレンド」で、床材に体を埋める子もいます

▲夜間はバスキングランプを消し、赤外線ランプのみを点灯します。するとこんな光景に。夜間は 25℃以上を維持します

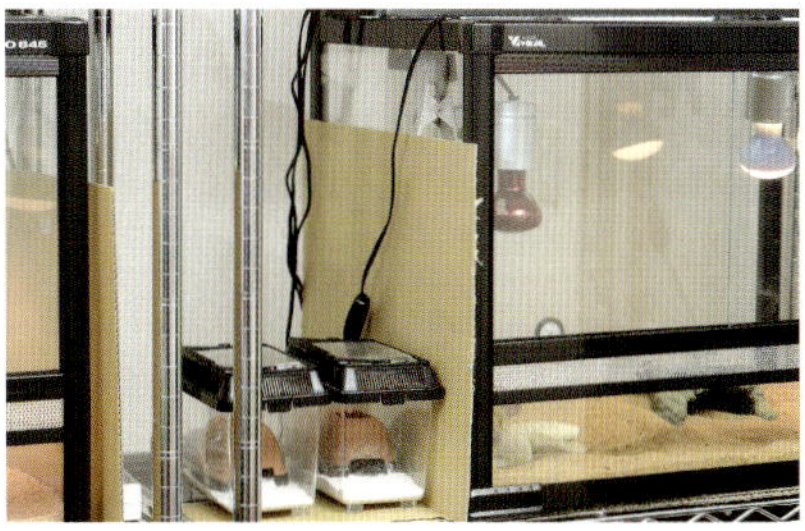

▲隣の個体が見えると興奮してしまい、ストレスになることもあります。そこで普段から目隠しをして、落ち着ける環境を演出しています

▲糞をした後は、温かい流水でやさしく体を洗います。子供たちは手慣れたもので、フトアゴもおとなしくしています

糞を発見したらすぐに取り出します。「サンドクリーンコンパクト」を使うと簡単に取り出せます

▼水で体を洗ったらキッチンペーパーなどで水分を拭き取り、トイレ後のケアは終了。すでに慣れっこらしく、常におとなしくしていて感心しきり

ら与えることになっています。コオロギを与える時間は、楽しみなスキンシップタイム。ケージの外で与えるので、餌の時間になると、みんなそわそわして外に出たがるのです。若菜さんにベタ馴れの「ヒー」などは、ケージを開けて声をかけると、勢いよく腕に飛び乗ってくるほど。その様子は、およそ爬虫類とは思えませんね（笑）。

　順調にフトアゴ暮らしを続ける高垣ファミリーですが、以前には大事件があったそうです。紫外線ランプが子供の目に良くないのではと、蛍光灯の上に布を被せたら、蛍光灯のカバーが原型がわからないくらいに溶けてしまったとか。過剰に熱がこもったのが原因でしょう。火事にならずに幸いでしたが、それ以来布を被せるのは禁止。蛍光灯も買い替え、今のスタイルに落ち着いています。

　フトアゴがやってきてからは、家族の会話がとても増えたと語る信宏さん。「正樹はしっかりしてきて、責任感も出てきたようです」。若菜さんを中心にまとまる子供たち。しっかり者の珠江さん、そしてみんなを見守る信宏さん。フトアゴと暮らし始めてまだ半年ですが、フトアゴの数だけ幸せが訪れているように感じた取材でした。

フトアゴヒゲトカゲの

# 繁殖

自慢のフトアゴが立派な親に成長したら、
繁殖に挑戦してみるのもいいかもしれません。
繁殖のポイントを整理してみましょう

## 繁殖は計画的に

フトアゴの飼育者のなかには、いずれは伴侶を迎えて繁殖させてみたい、と思う人もいるでしょう。大切に育てたわが子のベビーは、言ってみれば我が「孫」のようなもの。孫に囲まれての生活は、至福のひと時です（笑）。

でも、無計画な繁殖はちょっと待って！　フトアゴをベビーから育てたことのある人なら、1匹でも飼育に手がかかることを知っているはず。フトアゴは1度に15～30個の卵を産みます。もし卵が全部かえったら…。

そこで繁殖させようと思ったら、まずは知人や行きつけのショップなどに相談してみて、ベビーの引き取り先を、きちんと確保しておくことも大切。生命の誕生は感動の瞬間ですが、複数のベビーを管理できるかどうか、事前に確認しておきましょう。これから繁殖に挑戦したい読者を脅かすような感じになってしまいましたが、大切なことですから、繁殖は計画的に。

## オスメスの見分け方

成熟したオスメスの見分け方は、日ごろからの観察でわかるようになります。左ページを参照にオスメスの特徴をつかんでおきましょう。

## より詳しく生態を知る

フトアゴの繁殖には、彼らの生態をより詳しく知ることがポイントです。継続的に同じ環境で飼育しているだけでは、なかなか繁殖はしません。本来のオーストラリアの生息環境のように、温度変化をつけるなどの工夫が必要となります。実際にメスは気温が低い期間を経ることで刺激となり、交尾、産卵を行なうようになります。

つまり飼育下では、繁殖のためのライフサイクルを作ってあげることが、大切になるのです。さらに卵やベビーの管理なども考えて、そのライフサイクルを飼育者のスタイルに合わせることもポイントです。

## オスメスの特徴

| | アゴの下 | 頭 | 尾の付け根（腹側）の隆起 | 尾の付け根と後ろ足の突起 | 行動 |
|---|---|---|---|---|---|
| オス | 発情すると黒くなる | オスの方が大きい | ヘミペニスという半陰茎があるため、両端が盛り上がっているように見える | 突起が発達して目立つ | メスを見るとボビング行動を行なう |
| メス | 黒くならない | メスの方が小さい | ヘミペニスがないため、尾の付け根は平らに見える | オスほど突起が目立たない | 成熟したメスは無精卵を産むことがある |

### オス

成熟したオスは、メスに比べ頭部が大きくいかつい。発情時や興奮時にアゴの下が黒く染まり、迫力満点です

成熟したオスは、尾の付け根や後ろ足の腹側に現れる突起がメスよりも発達します

### メス

成熟したメスはオスに比べると頭部が小さく、どことなくやさしい表情を見せます

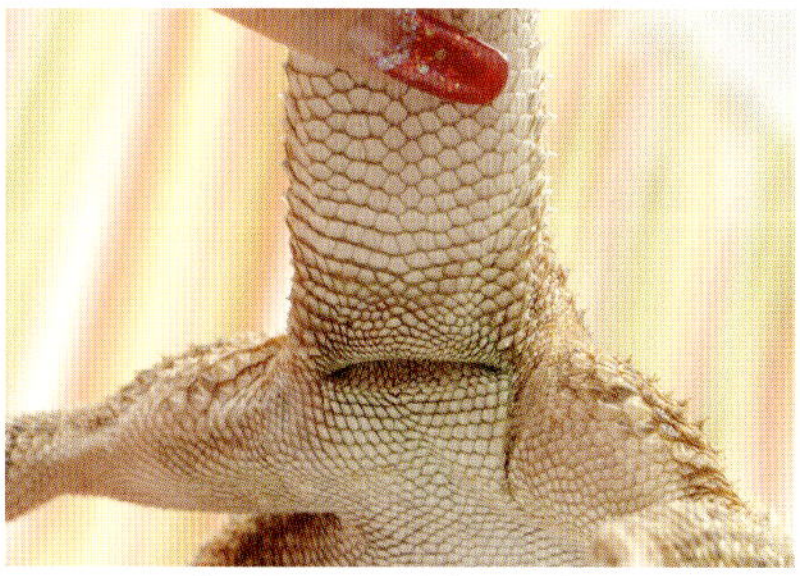

メスは尾の付け根周辺の突起が目立ちません。ヘミペニスがないので、尾の腹側は平らに見えます

繁殖にはオスのやる気も重要。元気なオスを育てましょう

## 繁殖のポイント

### Point 1 繁殖に適した親を用意

繁殖には体力が必要です。特にメスは、良い卵を産むためには健康で成熟していることが大切。早ければ生後1年以内で産卵可能となるメスもいますが、できれば2～3年はじっくり育て、しっかりと体を作ってから繁殖に臨みたいものです。

具体的には、頭胴長20センチ以上になってからが目安です。体が小さいと卵が卵管に詰まる難産などのトラブルが起こることがあるため、メスは体が大きくて健康な個体であることがポイントです。健康で成熟したメスであれば、繁殖期になると無精卵を産むこともよくあるので、これも繁殖に適しているかどうかの判断材料になるでしょう。

## Point 2 クーリング期間を設ける

クーリング期間とは休眠期のようなもので、温度変化の刺激によって繁殖期を演出するための大切な期間です。夜間の温度を下げることで活動が不活発になり、餌も食べなくなります。この時期を経験させ、やがて温度を上昇させていくと、交尾を行なうようになります。

## Point 3 繁殖のためのライフサイクルを作る

繁殖のサイクルは、通常飼育→クーリング→交尾→産卵→親の休養なります。ポイントは、卵の管理を春にするサイクルを作ること。ライフサイクルと、それぞれの時期に行なう管理方法は、左ページの表を参照してみましょう。

## Point 4 卵の管理は春がベター

卵はふ卵容器の中で管理しますが、この時の温度は、28〜30℃が適しているとされています。温度が高すぎたり、低すぎても卵の発生がうまくいきません。

温度は下げるよりも上げるほうが管理は楽で、気温が30℃を大きく超えるような盛夏では、温度管理が難しくなります。そのため春前に産卵させ、温度の管理がしやすい春に、卵を管理するのがおすすめです。

## Point 5 交尾を確認

オスは発情すると、アゴの下側が真っ黒く変化します。普段は別々に飼育しているオスとメスを一緒にすると、オスは盛んにメスに対して首を上下に振る行動（ボビング）を見せ、メスの背中に乗るような行動を見せるはずです。オスはやる気満々といった感じでしょうか。メスが受け入れれば、オスはメスの首筋を噛んで交尾に至ります。

逆にメスが拒むようならメスの準備ができていないということ。そのままにしているとオスの執拗なアクションでメスが弱ることもありますから、ひとまずは隔離して、再度交尾させましょう。

交尾が済んだらオスを隔離しますが、うまく受精しないこともあり、何度か交尾をさせる場合もあります。

## Point 6 抱卵の確認と産卵

抱卵したメスは、腹部にふくらみが出てきます。卵の形成のためにカルシウムを必要とするので、餌にはカルシウム剤を多めに添加したり、カルシウム分を多く含むシルクワームを与えます。しかし行動が不活発になって食欲が減退するのも特徴なため、脱水にも注意し水分補給はこまめに行ないます。

交尾から1〜1ヵ月半ほどで産卵します。メスのケージ内には、全身が入る容器を設置し、バーミキュライトやパームマットなどの用土を10〜15センチほどの厚さに敷き詰め産卵床としましょう。用土は触ると指に付くくらいの湿り気が必要です。温度管理ができるのであれば、大型のポリバケツなどに用土を入れて産卵さ

## 繁殖のためのライフサイクル

| 月 | 行動 | 飼育のポイント |
|---|---|---|
| 1月 | 交尾 | 昼間は通常の温度管理。夜間の温度を 25 ～ 26℃位にする。交尾後はオスメスは別々に管理 |
| 2月 | 産卵 | 交尾後、1 ヵ月～ 1 ヵ月半ほどで産卵する。産卵数は 15 ～ 30 個ほど。個体差はあるが、メスは餌を食べなくなり、水分不足になりやすいので水分の補給をまめに行なう |
| 3月<br>4月<br>5月 | 卵の管理を行ない、親は通常飼育 | 3 ～ 6 月は、親を通常飼育に戻す。3 月はメスを休ませる。産卵後のメスは体力が落ちているので、ややカロリーの高い、高タンパクの餌（ハニーワームなど）を補助的に与える。卵は 80 ～ 90 日でふ化。卵の管理は別項参照 |
| 6月 | ふ化 | ふ化後のベビーの管理は別項参照 |
| 7月<br>8月<br>9月 | 通常飼育 | この時期は、餌食いが最も良いため、親の体力をつけるには最高の時期。カルシウム、ビタミン剤などのサプリメントを供給し、バランスよく餌を与えて産卵に備える |
| 10月 | 調整 | クーリングに入るため、夜間の温度を徐々に下げる。1 週間に 5 ℃くらい下げるのを目安に。保温球やパネルヒーターなどをひとつずつ外してもいい。餌を食べる日と食べない日が見られることもある |
| 11月<br>12月 | 休眠（クーリング） | 繁殖期を演出するために大切な時期。温度は 13 ～ 15℃位に設定すると安心。ただし、日中に紫外線ランプだけは点灯してあげたい。この時期は寒さで餌は食べない |

せるのもおすすめです。

一度の産卵数は、だいたい15～30個ほど。産後のメスは体力を消耗しているため、静かな環境で飼育し、栄養価の高い餌（ハニーワームやマウスなど）を与えて、体力を回復させましょう。

### Point 7 卵の管理

卵は産卵容器から取り出してふ化用のケージで管理します。ふ化用のケージは、幅60センチほどの爬虫類用ケージを利用し、28～30℃を保つようにサーモスタットと保温球で温度管理します。ケージ内の温度を均一にするため、爬虫類用のファンを使用するといいでしょう。

卵を並べるための大きめのタッパーを用意し、床材として湿ったバーミキュライトを4～5センチの厚さに敷き詰めます。タッパーの側面には4～6ほどの通気用の穴を開けておきましょう。

底床の湿度は85～90パーセントが理想で、軽く握って固まるくらいが目安。握った時に水分が出てくる状態は湿りすぎです。そこに卵を並べるわけですが、卵の上下は産み付けた時と同じにすることが大切。位置がずれると発生がうまくいきません。あらかじめサインペンなどでマークしてから卵を丁寧に取り出し、タッパーの用土に並べていきます。1つの容器に4～6個ほど並べて管理するといいでしょう。タッパーの用土は定期的に湿り具合をチェックし、乾燥してきたら水分を補給して湿度を保つようにします。また、無精卵や死卵は確認しだい取り出し、タッパー内は清潔に保つようにします。

バーミキュライト。通気性・保水性に優れた多孔質の園芸用土。安価で入手は容易

### Point 8 ふ化後の管理

無事発生が進めば、およそ80～90日後にふ化します。ふ化したらベビーは1日ほどタッパーの中で過ごさせ、その後は、ベビーの飼育管理をします(飼育のページ参照)。餌は、ふ化後およそ1週間ほどで食べるようになる場合が多いようです。それまでの間は水分が不足して脱水になりがちなので、霧吹きなどで、こまめに水を与えましょう。

Lovely フトアゴ生活 愛好家訪問4

乙部《おとべ》優太さん

# 毎日のスキンシップが決めて！ベタ馴れのフトアゴ、「パンサー」と過ごす高校生活

幼少の頃から生き物好きの乙部さん。ベタ馴れのパートナー「パンサー」を育てた方法とは？　そのテクニックを聞いてみましょう

▲「パンサー」のケージ。高さと奥行が45cmあると、だいぶ開放的に感じられます。床材は以前はチップを使っていましたが、「ウォールナッツサンド」に変えたところ、砂を掘ったり潜るようなしぐさが目立つようになりました

▶消灯後は布でケージ前面を覆い、「パンサー」にゆっくり休んでもらいます。試験勉強中などに寝ている様子を見て、癒されているそうです

コマツナが好きな「パンサー」。主に両親がコマツナ担当で、餌やりを手伝ってくれるそう。でもコオロギは触れないそうです…

## ネットでフトアゴ発見　ハンドリングに憧れて

2010年、中学3年生の夏。何の気なしに立ち寄ったペットショップで、トカゲに心を奪われた乙部優太さん。見た瞬間にビビッと感じ、ネットでトカゲについて調べていると、ある種類を発見しました。そう、フトアゴです。さらに調べると、飼いやすくてハンドリングもできるというところに魅かれ、たまらなく好きになってしまい…。フトアゴは虫を食べるから、と反対する両親を説得し、その年の正月には晴れてフトアゴのベビーを購入。「正直な話、ベビーを選んだのは資金的な面もありますが、今はベビーを買って良かったと思います。小さい頃から愛情をかけて育てることができました」。

YUTA OTOBE

一人っ子である乙部さんにとって「パンサー」は弟のようでもあり、かけがえのない存在です。「僕のそばに居てくれてありがとう、と言いたいですね」と乙部さん

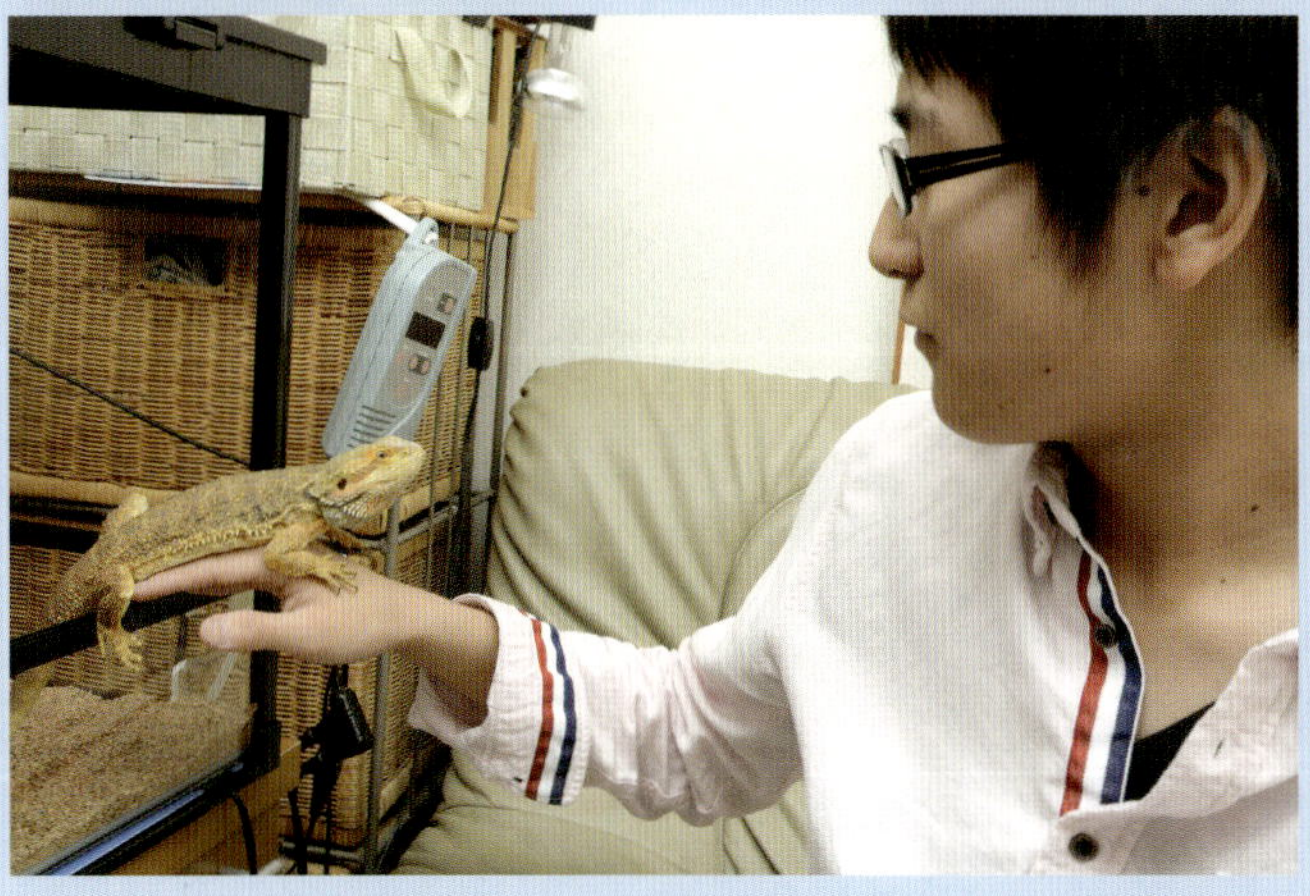

機嫌がいいときや、お腹がすいたときは外に出たがる「パンサー」。ケージに手を伸ばすと勢いよく飛び乗り、お気に入りのポジションである乙部さんの肩に落ち着きます

## 絆を深めるスキンシップ！

スキンシップは、購入後約4ヵ月後から開始。「パンサー」自らケージの外に出てくるように手に乗せたりを繰り返しました

「パンサー」と名付けられたフトアゴはすくすくと育ち、乙部家にやって来てから1年半後には、全長が45㌢になるまで成長。乙部さんも高校2年生になり、パンサーとの生活を満喫しています。それにしても「パンサー」、乙部さんにベタ馴れで、飼い主の声掛けにも反応するようなのです。ここまでするには、地道な練習の繰り返しがあったそうで。

## 焦らず根気強く繰り返しさらには声掛けも大切！

「パンサー」のハンドリングを開始したのは、購入後4ヵ月が過ぎたころから。ベビーのころは手を怖がるのを避けるために、ピンセットで餌を与えるようにしました。「手は必ず見えるようにして、手は怖くないものということを覚えさせていきました」と乙部さん。

4ヵ月も経つと「パンサー」はだいぶ大きくなったので、ケージの中で手に乗せることを毎日繰り返し、徐々に外に出すようにしていきました。この練習の後に餌を与えることで、手に乗るといいことがある、と覚えさせていったのです。そしてついに、差し出した手に「パンサー」が自ら乗ってきたのです。「うわ、やべぇ、ついに心を開いてくれ

◀バスキングスポットを演出する、遠赤外線温熱マット「ナイーブ」

▶温度は爬虫類サーモで管理。昼間は31℃、夜間は26℃にし、温度差のある設定にしています

◀コオロギは2日に一度、Mサイズを35匹ほど与えています。ベビーのころには、Sサイズを一度に100匹も食べたそうです！

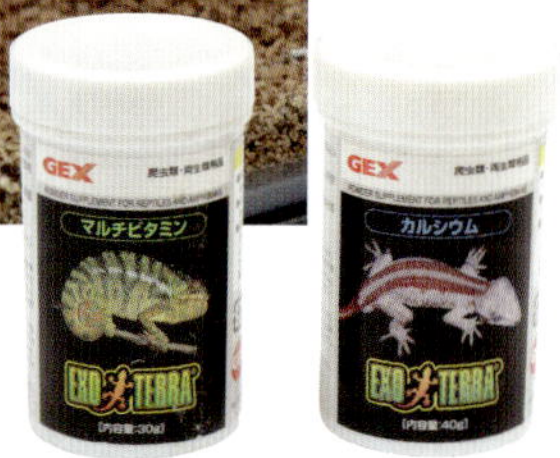


▶コオロギを与える際には、サプリメントをまぶします。左が「マルチビタミン」右が「カルシウム」

## 愛のフトアゴ写真館

写真提供／乙部優太さん

まだベビーのころの「パンサー」。このころから外の様子が気になるようでした

ガラスの留め具に寄りかかって寝ています。ベビーのころから、こんなふうに寝ることが…

出してくれないなら、ここで寝てやる〜

そして、アダルトになると…。あら〜、この体勢で熟睡しちゃってますね（笑）。この様子を見て、乙部さんは癒されちゃうんです

Zooo〜〜。いつのまにか、この体勢がベストポジションになってるし…

PANTHER Gallery

たー！って感じでした（笑）。感動しましたね」。声掛けも繰り返すことで、今では自ら肩にまで登ってくるベタ馴れ状態になったのです。

ただしハンドリング時には注意していることもあります。餌を与えた後は消化のためにケージ内で過ごさせ、ハンドリングはしません。「パンサー」の健康が第一ですから。

## 餌については、実は…カミングアウトします

現在の餌は、メインがビタミン剤とカルシウム剤をまぶしたコオロギのMサイズで、2日に一度35匹くらいを平らげます。これで足りないようなら、ミルワームを5~6匹追加。野菜はコマツナで、これは常設しています。

さて、餌はこれだけではなく、実は両親に黙っている餌があるのだとか。それは…、冷凍のピンクマウス。いつまでも隠しておくのは両親に申し訳なく、今回の取材を受けるにあたり、カミングアウトすると決めていたようです。う〜ん取材子も複雑な心境です（笑）。しかし、家族を明るくしてくれる「パンサー」のための餌ですから、この本を読んだご両親は、きっと許してくれるはずです。乙部さんと「パンサー」、いい

# Lovely フトアゴ生活 4 乙部優太さん

PROFILE

**パンサー**
- 年齢：1歳半
- 性別：不明
- 全長：45cm

撮影にちょっととまどっていた「パンサー」。口の周りが脱皮中。脱皮時には床材の右半分（遠赤外線温熱マットを敷いてある側）を霧吹きで濡らし、脱皮しやすいようにしています

体格は申し分なしですね。「パンサー」は、やや尾が長いようで、なかなか格好の良いスタイルをしています

■乙部さんのフトアゴ飼育データ

| | |
|---|---|
| フトアゴ飼育歴 | 1年半 |
| 個体の名前／年齢／性別／サイズ | パンサー／1歳半／不明／45cm |
| ケージのサイズ | 60 × 45 × 45(H) cm　ケースバイケース 645L サイズ(みどり商会) |
| 基本温度の設定 | 昼間 31℃、夜間 26℃ |
| バスキングスポットの設定 | ケージ前面下に、遠赤外線温熱マット「ナイーブ」（みどり商会）を設置 |
| 保温器具の種類と W 数 | レプロ赤外線スポットランプ 100W、70W 各1灯ともに 1 日中点灯 |
| 紫外線ライト | レプティサン 10.0UVB 20W（ZOO MED JAPAN）、レプロ UVB ランプ デザートサンともに 8：30 ～ 21：30 の間点灯 |
| サーモスタット | 爬虫類サーモ（ジェックス） |
| 床材 | ウォールナッツサンド |
| 餌 | コオロギ、ミルワーム、冷凍ピンクマウス。コマツナと水を常設 |
| サプリメント | 「マルチビタミン」「カルシウム」（ともにジェックス）を半々に混ぜコオロギにまぶす |
| 給餌頻度 | コオロギ M サイズを2日に一度 35 匹ほど、足りない時はミルワームを5匹ほど与える。2週間～1ヵ月に一度、湯せんで解凍した冷凍ピンクマウスを3～4匹与える |
| 温浴の頻度 | なし |
| メンテナンス | 糞は見つけ次第取り出し、体についたらティッシュでふく<br>3ヵ月に一度、床材を全て交換し、その際にケージ内を清掃 |

表情してますもの。

その冷凍ピンクマウスですが、2週間から1ヵ月に一度3～4匹を、10分くらい湯せんで解凍してから与えるそうです。コオロギに比べると食いつきは悪いようで、仕方なく食べてやるか的な様子らしいですが、コオロギだけだとやせる様に感じたので、栄養バランスを維持するためにも定期的に与えています。

## 幸せな寝顔を見れば 疲れも一気に吹き飛ぶ

高校2年生の乙部さんは、すでに大学の受験勉強を始めているそうで、定期試験や模試などの勉強で忙しいと言います。加えてバスケットボール部にも所属していて、文武両道は大変だとか。高校生もかなりストレスがたまるようで、深夜までの勉強で疲れているときに癒されるのが、「パンサー」の寝顔なのです。「パンサーは、とても気持ちよさそうに寝るんですよ。疲れている時に幸せそうな寝顔を見ると、最高に癒されますよ（笑）」。

「パンサー」は、かけがえのない存在だと語る乙部さん。その幸せそうな寝顔は乙部さんを癒し、これからも最高のパートナーでいてくれることでしょう。

Lovely
フトアゴ生活
愛好家訪問5

二宮尚子《なおこ》さん

# 超マイペースな女王様「ガッちゃん」今日も犬と一緒にお昼寝!

二宮さんの爬虫類に対する価値観を変えてくれたのは、メスのフトアゴ「ガッちゃん」。女王様のように気高い、彼女の日常とは?

▶流木の上が好きな「ガッちゃん」は、この体勢で寝ることも度々だそうです。たまにケージのコーナーで寝ていることもあるとか(笑)

▼床材の粉にまみれた時など、体が汚れた時には、スプレーすることもあります。スプレー後は体が冷えるので、バスキングランプが点灯している日中に行ないます

PROFILE

ガッちゃん
● 年齢:2歳
● 性別:メス
● 全長:41cm

二宮さんが愛してやまない「ガッちゃん」。表情が穏やかなのは、メスの証でしょう。お腹もふっくらとしていて抱卵してる!?

## 女王様な「ガッちゃん」かなり溺愛してます

とってもマイペースで、好みがはっきりしている女王様気質の「ガッちゃん」。彼女を溺愛しているのが、二宮尚子さんです。

ガッちゃんとは、往年の名アニメ(?)「Dr.スランプ アラレちゃん」に登場した、何でも食べてしまう愛らしい天使。二宮さんの愛するフトアゴの「ガッちゃん」は、小さい頃から食欲旺盛で、まさしくアニメのガッちゃんそのもの。そこで、その名をいただいたというわけなんです。「小さいころから物おじせずに、すごい食欲でした。間違って私の指に食いついたこともありました(笑)」と二宮さん。

そんな「ガッちゃん」も大きくな

NAOKO NINOMIYA

二宮さんが「寝んね〜、寝んね〜」と、優しい言葉をかけると、まったりとした空気が流れます。「ガッちゃん」も「Norma」も安心した表情を見せて、リラックスしているようですね

## 犬と一緒にお昼寝！

時々、友だちのサルーキー「Norma（ノーマ）」と一緒に、ベッドの上で寝ることもあります。「ガッちゃん」にちょっかいを出さないノーマの優しい性格だから、こんな光景が見られるのでしょう

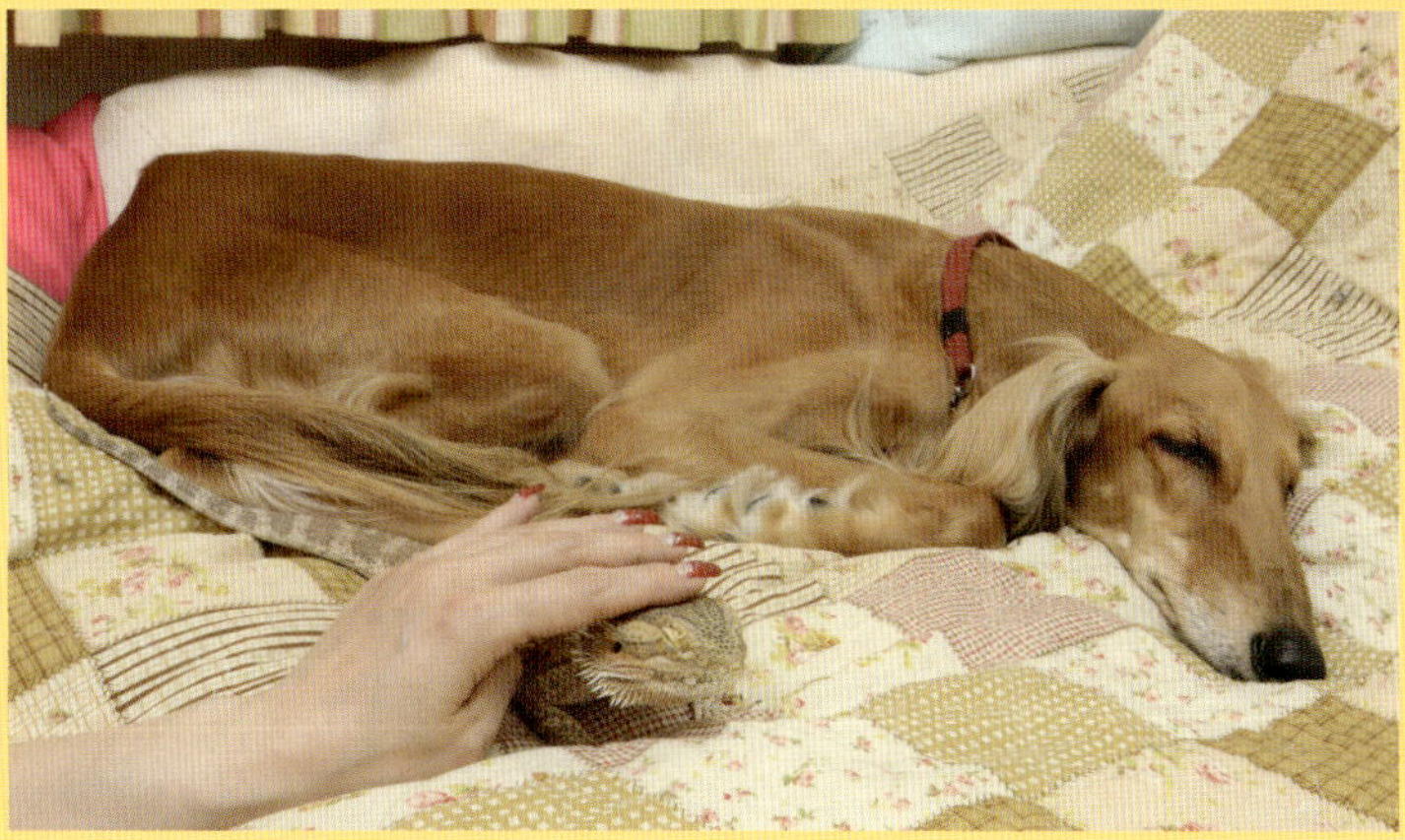

「Norma」はついに寝てしまいましたよ。「ガッちゃん」もいい気持ちみたいです

ると食欲は落ち着いたようで、現在は3日に一度、人工フードを10粒くらい食べ、月に一度冷凍ピンクマウス（S）を1匹、コマツナは家族の食卓に上る時だけ食べる程度だとか。

普段外出が多い二宮さんは、毎日のように「ガッちゃん」に声掛けしています。ガラスにもたれかかっている時は、「お母さんだよ〜」と言いながら、ガラス越しになでてあげるのだとか。すると「ガッちゃん」は、目を細めるといいます。「そんな姿を見ていると、たまらないですよ。癒されます」。

## 「ガッちゃん」と暮らし爬虫類の見方が変化

現在は3匹の犬（サルーキー2匹とシェルティ1匹）と、コーンスネーク（品種はブリザード）の「ハク」も一緒に暮らしています。マイペースな「ガッちゃん」は、性格の穏やかなメスのサルーキー「Norma（ノーマ）」に受け入れられていて、一緒に寝ることもあるんです！ もちろん、どの子とも信頼関係が築けている二宮さんだからできることなのでしょう。

「ガッちゃん」が家族になったのは、2010年6月のことですが、実はフトアゴとの縁は、その時が初

## 二宮さんのフトアゴ飼育データ

| | |
|---|---|
| フトアゴ飼育歴 | 2年 |
| 個体の名前／年齢／性別／サイズ | ガッちゃん／2歳／メス／41㎝ |
| ケージのサイズ | 81 × 50 × 50.5（H）cm　レプロ 850 |
| 基本温度の設定 | 昼間 31℃、夜間 27℃ |
| バスキングスポットの設定 | サングロー　タイトビームバスキングスポットランプ 100W（ジェックス）　7：00 ～ 21：00 の間点灯 |
| 保温器具の種類と W 数 | ヒートグロー　赤外線照射スポットランプ 75W（ジェックス）昼間点灯、散光型ランプ 100W 夜間点灯 |
| 紫外線ライト | レプロ UVB ランプ デザートサン 20W　7：00 ～ 21：00 の間点灯 |
| サーモスタット | 爬虫類サーモ（ジェックス） |
| 床材 | ウォールナッツサンド |
| 餌 | 成体フトアゴヒゲトカゲフード、冷凍ピンクマウス（S）、コマツナ |
| サプリメント | なし |
| 給餌頻度 | 人工フードを3日に一度 14 ～ 15 粒（食べるのは 10 粒くらい）、<br>1ヵ月に一度冷凍ピンクマウスを1匹、時々コマツナ |
| 温浴の頻度 | 時々、体が床材で粉っぽくなった時に温浴 |
| メンテナンス | 糞は見つけ次第取り出す。2ヵ月に一度、床材を 1.5kg ほど交換 |

小さいころは、とにかくよく食べた「ガッちゃん」。空の餌入れに足をかけて、餌をおねだりしているのかな？

脱皮中に激写！ 撮影した二宮さんは「ガッちゃん」を狙ったパパラッチ!?

小さいころから、木登りが好きだったんですね～

めてではありません。二宮さんには3人の娘さんがいますが、長女の綾《あや》さんが爬虫類好きで、以前にフトアゴを飼っていたことがあるのです。毎日しっかり世話をしていたのですが、ベビーだったそのフトアゴは、残念ながら亡くなりました。

悲しむ綾さんを慰めた二宮さんですが、まさか自分が後にフトアゴを飼うことになるとは。「当時はフトアゴに触るのも無理って思ってましたね。本来はかわいい生き物よりも美しい生き物が好きでしたから」と、「ガッちゃん」を見つめる二宮さん。

2010年5月、就職で家を出ていた綾さんと会うために、待ち合わせた場所がペットショップ。特に理由はなかったと言いますが、2人とも大の生き物好き。待ち合わせには、ぴったりの場所だったのでしょう。そのペットショップで出会ったのが、フトアゴだったのです。「ケージに顔を近付けると、寄ってくるんですよ。やられました！（笑）」。

その時は衝動買いはせずに我慢。家に帰ってネットで調べると、もうフトアゴのことが頭から離れなくなり…。後日、一人でペットショップに出向いて、予約を入れてしまったのです。その子が「ガッちゃん」でした。

▲ケージは幅 81cm の「レプロ 850」を使用しているので、全長が 41cm の「ガッちゃん」が入っても広々しています。床材は「ウォールナッツサンド」で、2ヵ月に一度は 1.5kg ほどを交換します

▲スプレーで水を浴びた後は、やはり体が冷えたのか、バスキングスポットで体を温めていますね

▶現在の主なメニューが「成体フトアゴヒゲトカゲフード」。温水でふやかし、15 粒ほどを盛り付けます。食べるのは 10 粒ほどで、残りは翌日取り出すようにしています。水は飲まないので、水分は餌から摂っています

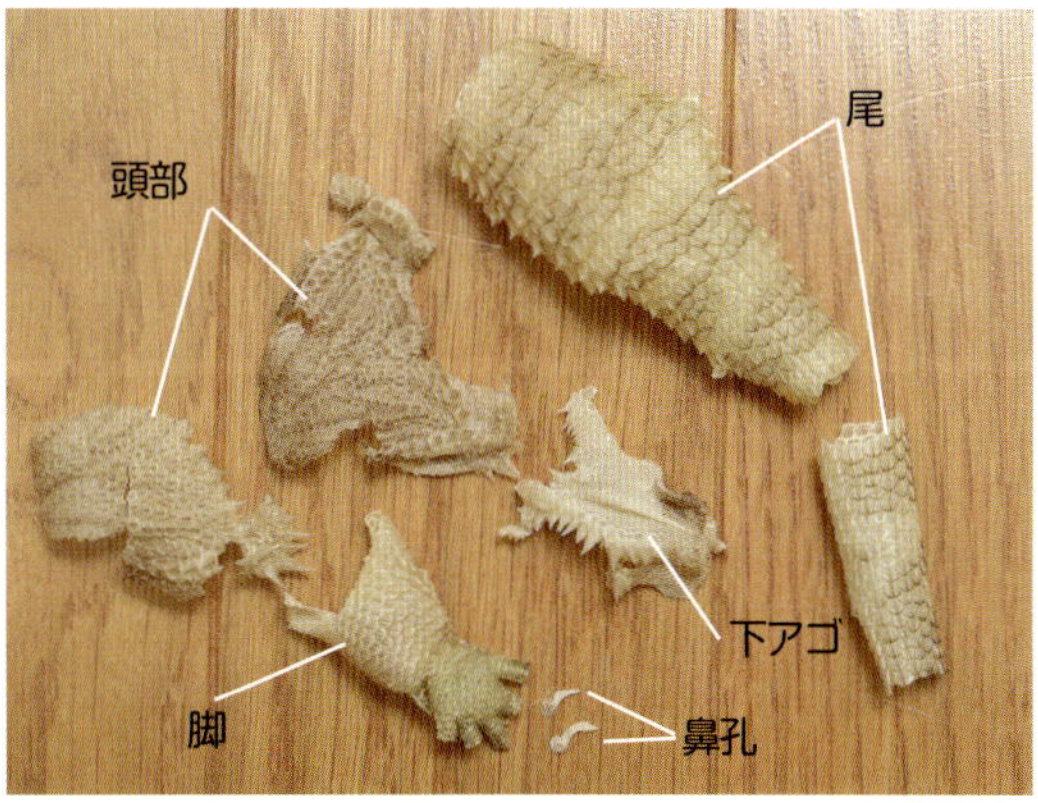


▲「ガッちゃん」の脱皮殻。各部位ごとにきれいに脱皮しています

▲糞をした時は、すぐに金網で取り出します。糞の周囲の砂が糞尿で湿っぽくなるので、砂は多めに取り出しています

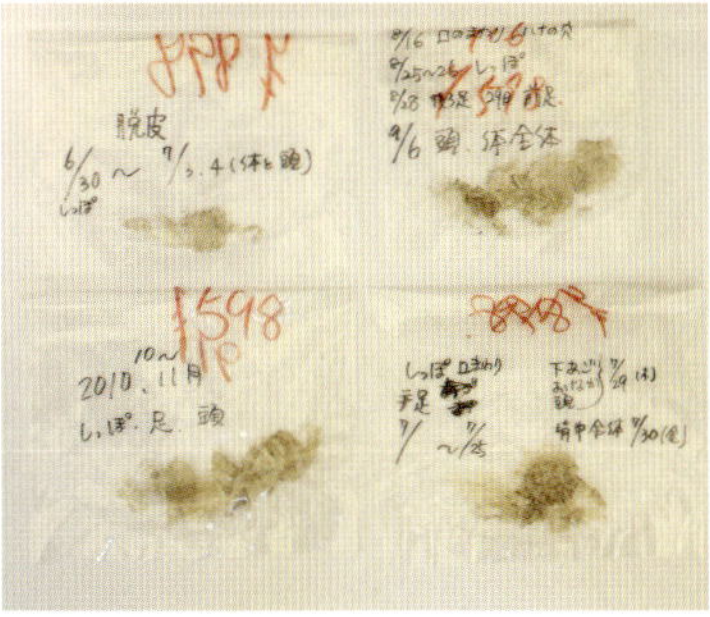

◀脱皮した日を記入して保存してあるところにも、愛情が感じられますね

「ガッちゃん」は、二宮さんの爬虫類に対する意識を変えてくれました。「爬虫類が人間に反応することに驚きました」。「ガッちゃん」のために嫌いだったコオロギも克服。きっかけは、大脱走をしたコオロギを一心不乱に捕まえたことなのだとか。「でもやっぱりLサイズはダメですね（笑）」。

## 家族みんなが大好き でも私の「ガッちゃん」

二宮家はご主人も娘さんも、みんな生き物好き。でも二宮さんが相談なしに生き物を買ってきてしまうと、ご主人はご機嫌斜めになるそうで…。「ガッちゃん」を飼っていることは、なんと3ヵ月ほども内緒だったそうです！ 初めは怒っていたご主人でしたが、今ではたまに「ガツ〜、元気か〜？」と様子を見に来るそうです。「年賀状にもガッちゃんをプリントして、友人に自慢してるんですよ〜」と二宮さん。

家族みんなに愛されている「ガッちゃん」ですが、二宮さんは「ガッちゃんは、家族のガッちゃんではなくて、私のガッちゃんなんです（笑）」。これからもますます溺愛する様子が目に浮かびますね。

# フトアゴヒゲトカゲに
# よく見られる
# 病気と治療・予防

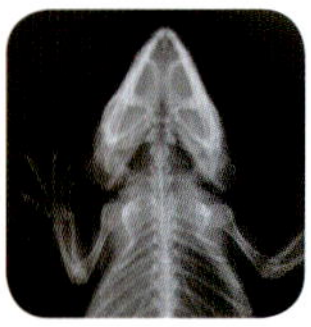

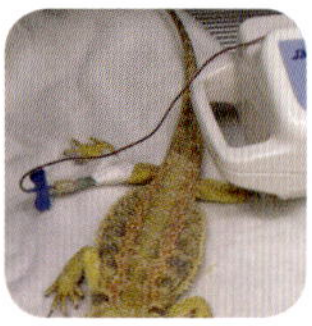
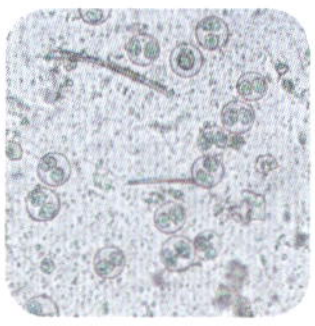

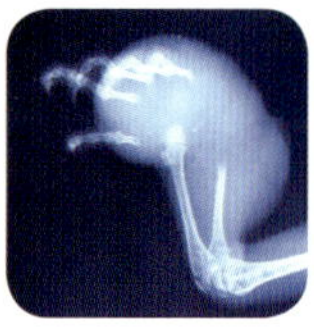

解説・症例写真
田向健一（田園調布動物病院院長）

丈夫で飼いやすいのが特徴のフトアゴヒゲトカゲですが、様々な原因で病気になったり、ケガを負うことがあります。ここでは、よく見られる病気や、気になる症例を挙げてみましょう。解説は、爬虫類の診療を多く手掛ける、田向健一獣医師が担当します。初心者からよく聞かれる質問にも答えていただきました。元気なフトアゴを飼育中の読者も、もしもの時に備えておくと、対処がしやすいはずです

# フトアゴヒゲトカゲに よく見られる 病気

ペットとして最も普及しているトカゲと聞かれれば、本書の主役、フトアゴヒゲトカゲでしょう。実際、動物病院には、様々な症状のフトアゴヒゲトカゲが多く来院します。そのなかでもよく見かける病気の特徴、症状、検査、治療法を紹介したいと思います

## 1 内部寄生虫疾患《ないぶきせいちゅうしっかん》

内部寄生虫とは、主に消化管内に住み着く寄生虫のことです。他の爬虫類と同じようにフトアゴヒゲトカゲでも、よく見られます。どんなに健康に見えても糞便検査は大切です。

最も一般的な内部寄生虫はギョウ虫、コクシジウム、ベン毛虫です。ギョウ虫はアゴヒゲトカゲで最もよく見かける寄生虫ですが、病原性はほとんどないと報告されています。しかしながら、実際にはギョウ虫の大量寄生により衰弱してしまうケースも見受けられます。

コクシジウムも一般的に検出されますが、無症状から重度の症状を呈するものまで様々です。下痢が長期間続くと、いきみから脱腸を起こすことがあります。コクシジウムはオーシストと呼ばれる卵のようなものを排泄し、それが糞便内に残り、糞便を摂取することで、再感染します。

ベン毛虫はギョウ虫やコクシジウムと異なり、消化器症状を誘発することが多いようです。これらの虫下しの投与を繰り返しても、なかなか根絶できないことがありますが、これもトカゲ自体に付着する糞便、あるいは放置された飼育環境内の糞便による自家感染が原因です。虫下しを行なう際には、トカゲの洗体と飼育環境の消毒が大切です。

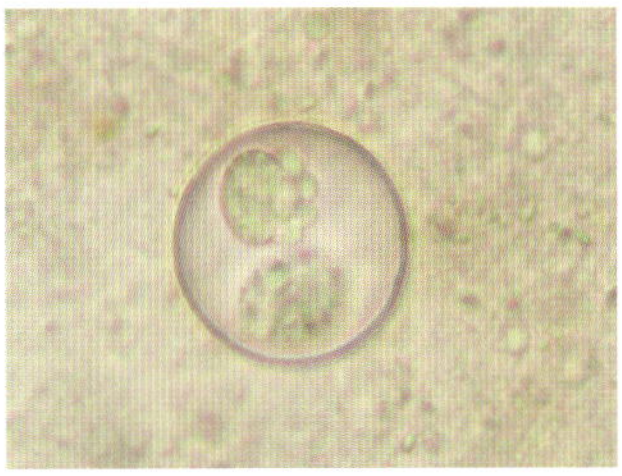
コクシジウムのオーシスト

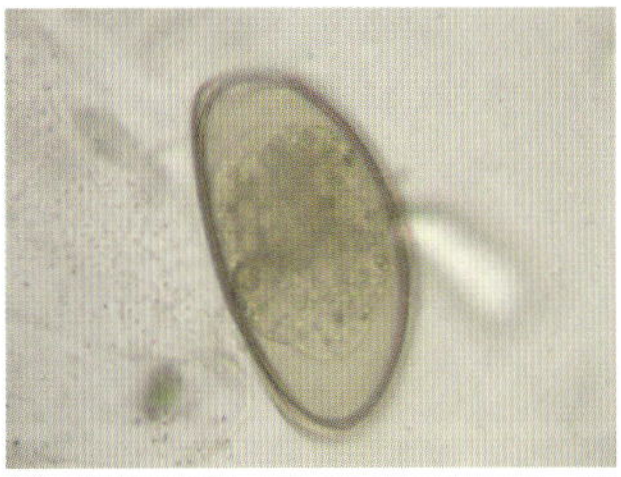
ギョウ虫の卵

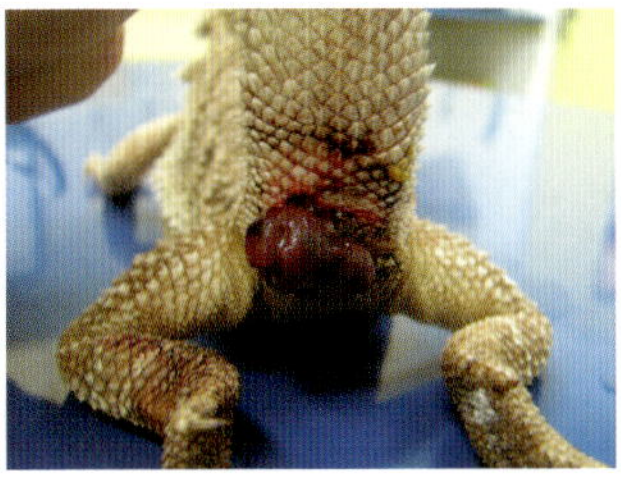
下痢から脱腸を引き起こした状態

## 2 消化管閉塞《しょうかかんへいそく》

フトアゴヒゲトカゲは便秘することが多いようです。たいていは軽度の慢性的な脱水が原因で総排泄腔に通称、尿栓（urate plug）と呼ばれる尿酸の塊が詰まってしまいます。そのようなフトアゴヒゲトカゲでは決まってお腹のふくらみ、しぶり、食欲不振が見られます。

動物病院では軽度の場合、総排泄腔を洗浄した後、温水を浣腸することで尿や糞便の排泄を促します。重度の場合には、補液、大量の浣腸、総排泄腔の潤滑処置と閉塞物の掻き出し処置が必要になります。このような場合には、飼育環境の湿度を高めると同時に温浴を始めます。

消化管内閉塞は砂、砂利、クルミ

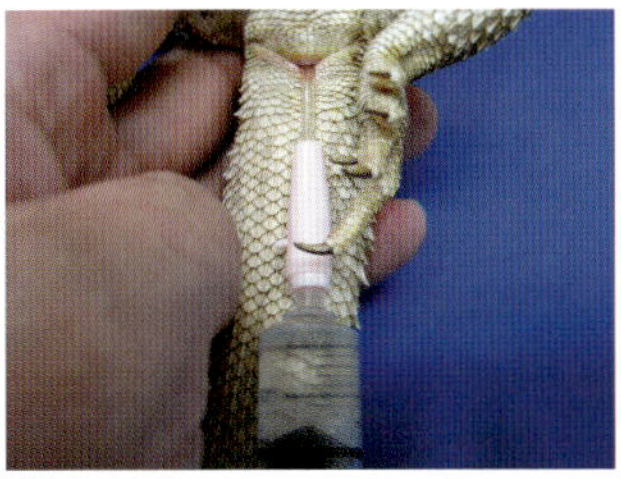
便秘の個体に対して、温水浣腸をしている

殻などの床材の摂取によるものが一般的です。下剤の投与でうまくいかない場合は、外科的に摘出する必要があります。

## 3 栄養性疾患《えいようせいしっかん》

栄養性疾患で最も見られるものに、代謝性骨疾患という病気があります。この病気は一般的にクル病と呼ばれています。原因は多岐にわたりますが、多くは食餌中のカルシウムが足りず、骨からカルシウムが溶け出すことで生じます。結果的に骨の軟化、脱力感、食欲不振、便秘、骨折、脊椎湾曲が見られるようになります。

動物病院では血液検査を行ない、カルシウム、リン、尿酸の値を測定します。軽症例ではカルシウムの投与に加え、食餌改善と紫外線照射などの環境改善で解決します。しかし、血液中のリンと尿酸の値が高く、腎障害が疑われるケースでは慢性的な骨性疼痛（骨の痛み）が続き、点滴などの適切な治療を行なっても回復しないことが多いようです。

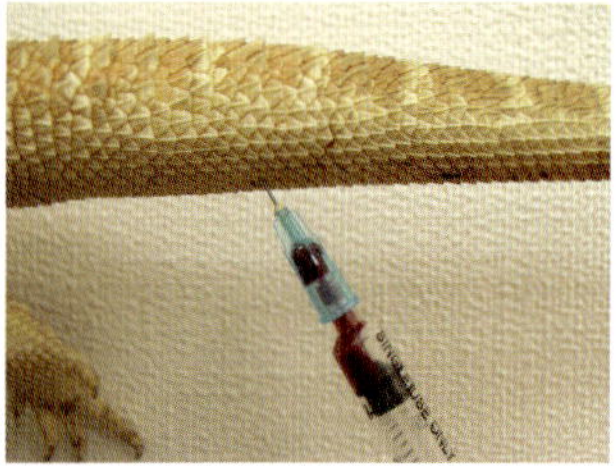
採血は尻尾から行ないます。血液検査で様々な情報を得ることができます

## 4 生殖器疾患《せいしょくきしっかん》

フトアゴヒゲトカゲの難産や卵胞鬱滞《らんぽううったい》（卵殻ができる前の卵の元が停滞すること）は、メスのフトアゴヒゲトカゲで時々見られます。典型的な症状は食欲不振とお腹のふくらみで、痩せたメスでは卵殻卵と大きな卵胞を触診することができます。

難産の原因は小さな骨盤あるいは変形した骨盤、低カルシウム血症、骨盤より大きな卵殻卵、脱水、適切な産卵場所の欠如だと考えられています。卵胞鬱滞の原因は完全に理解されているわけではありませんが、ストレスや不適切な飼育管理、あるいは感染によるホルモンサイクルの乱れによるものと推測されています。

動物病院ではレントゲン検査、超音波検査、血液検査を行ない診断します。小さな骨盤や変形した骨盤

の存在、あるいは大きな卵殻卵が存在する場合には手術が必要になります。各種検査において異常が認められない場合では、補液、飼育環境の改善、適切な産卵場所の提供により解決することもあります。

低カルシウム血症のトカゲに対してはカルシウムの補充を行ない、病的な症状を呈する卵胞鬱滞のトカゲに対しては、積極的な抗生剤による治療と手術が必要になります。メスのなかには排卵しない大きな卵胞を生じる個体もいますが、後に自然に吸収されることもあります。このようなメスは数週間、食欲不振になるので、この期間は体重と健康状態を細かく観察する必要があります。

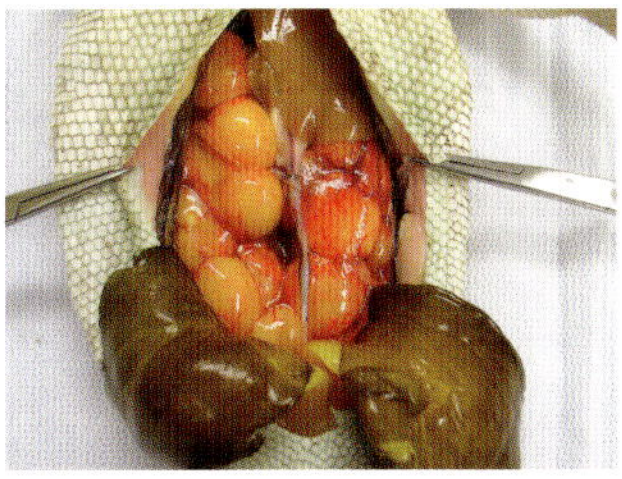
卵胞鬱滞。排卵する前の卵胞が異常に増殖し、お腹の中を圧迫する病気

## 5 眼疾患《がんしっかん》

フトアゴヒゲトカゲでよく見られる眼の病気は、結膜炎と眼瞼痙攣《がんけんけいれん》を伴う角膜疾患です。これらは感染症の後遺症、あるいは砂や異物による刺激に起因します。

動物病院では角膜を染色することで検査をします。角膜潰瘍《かいよう》が明らかになった場合、抗生物質点眼薬で治療します。角膜潰瘍がない場合には生理食塩水で洗浄した後、消炎剤を含む点眼薬で治療します。

まれに見られる眼の病気として、眼球の裏側が腫れあがり、その結果、眼が飛び出たようになる牛眼になることがあります。原因の多くは膿瘍《のうよう》

角膜炎によって眼が開かない状態

（膿の塊）あるいは高血圧です。眼球の裏側に針を刺し吸引して得られたサンプルを検査します。吸引サンプルに多数のヘテロフィル（爬虫類の白血球の1種。主に感染症の際、増加する）が認められる場合には感染を疑います。吸引サンプルが血液に類似している場合には、さらなる検査としてレントゲン検査を行ないます。その結果、大血管や心臓に石灰化が認められる場合は、高血圧が原因と考えます。高血圧による眼球突出は両側性に生じることが多く、膿瘍によるものは片側性に生じることが多いようです。

## 6 皮膚疾患《ひふしっかん》

皮膚疾患で最もよく見られる原因は細菌と真菌です。細菌感染は抗生物質療法で治療します。真菌感染の多くは、抗真菌剤の内服や局所的なポピドンヨードの塗布やスルファジアジン銀の塗布で治療します。

真菌性皮膚疾患で注意すべきもののひとつにChrysosporium（クリソスポリウム）という真菌の感染によるイエローファンガス病があります。この疾患は重度の皮膚壊死、黄色化が起こり肉芽腫を形成します。進行すると根治させることが困難になります。

イエローファンガス病と呼ばれる皮膚病

## 7 ケガ

ケガは保温球やホットロックによる火傷《やけど》や、ケージの壁に激突することで生じる鼻先の擦り傷が最もよく見られます。これは不適切な飼育環境が原因です。熱源との距離、ケージの広さを見直す必要があります。骨折は低カルシウム血症、ハンドリング時の落下によって生じることが多いようです。喧嘩傷もまれに見られますが、適切な空間を用意すれば、一般的には起こりません。

ホットスポットによる火傷の跡

## 8 腫瘍《しゅよう》

フトアゴヒゲトカゲは爬虫類のなかでも腫瘍の発生率が高いようです。皮膚腫瘍、内分泌《ないぶんぴつ》腫瘍、造血器腫瘍、神経腫瘍など様々な報告がされています。多くは死亡後の解剖検査にて判明します。今後は生前診断と治療法の確立が望まれます。

右掌部にできた腫瘍

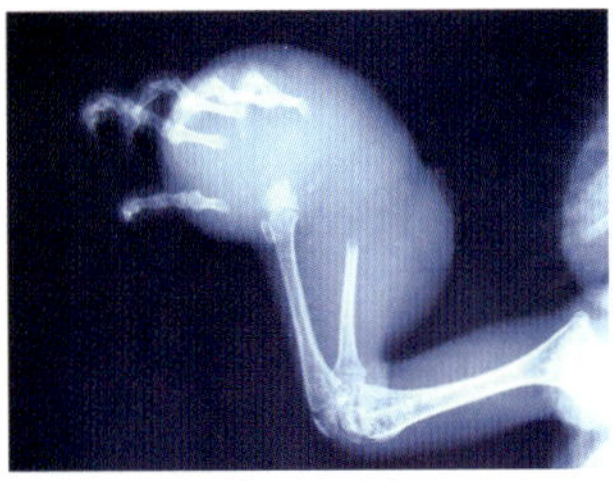
腫瘍によって肢の骨が溶けてしまっている（上の個体のレントゲン写真）

## 要注意！ フトアゴヒゲトカゲの

# 症例集

ここでは特徴的な症例を紹介します。誤飲や脱水など、飼育時に注意することで防げる場合もあるため、日ごろからのケアが大切だといえます

## 症例1 コクシジウム症

**●原因**　コクシジウムの濃厚感染

**●検査**　糞便検査にて大量のコクシジウムが認められました。

**●治療**　虫下しの投与と合わせて、総排泄腔を中心とする体の洗浄を行ないました。体の洗浄を行なう際は、温浴にて身体にこびり付いた糞便をふやかし、歯ブラシなどを用いて鱗にそって優しくこすります。飼育環境の消毒は塩素を用いて1日に1回行ない、床材は使用しないようにします。

**●予防**　コクシジウムの完全な駆虫は非常に困難ですが、症状が出ない程度にコントロールすることが大切です。年に2回の糞便検査が推奨されています。

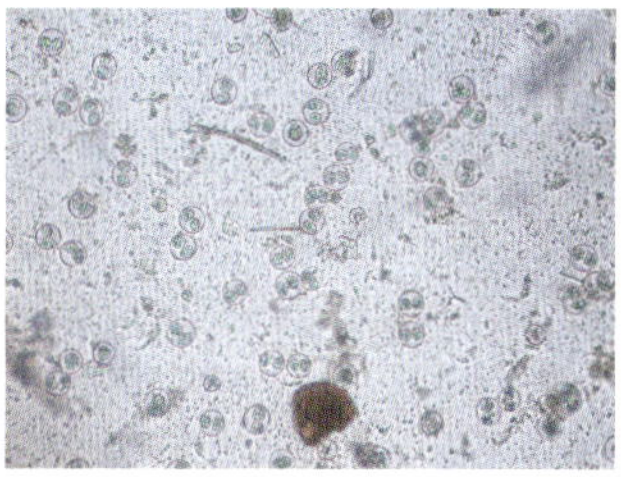

糞便検査で大量のコクシジウム（オーシスト）が検出されました

こびりついた糞はふやかして優しく擦って清潔を保ちます

## 症例2 胃内異物

**●原因**　飼育環境中のビー玉の誤飲

**●検査**　X線検査にて胃の中にビー玉を確認しました。

**●治療**　尾の裏側にある血管より麻酔薬を注射し、口から長い鉗子を用いて摘出しました。

**●予防**　口に入る大きさの床材やインテリアアイテムは飼育環境内にできるだけ置かないようにすることが大切です。

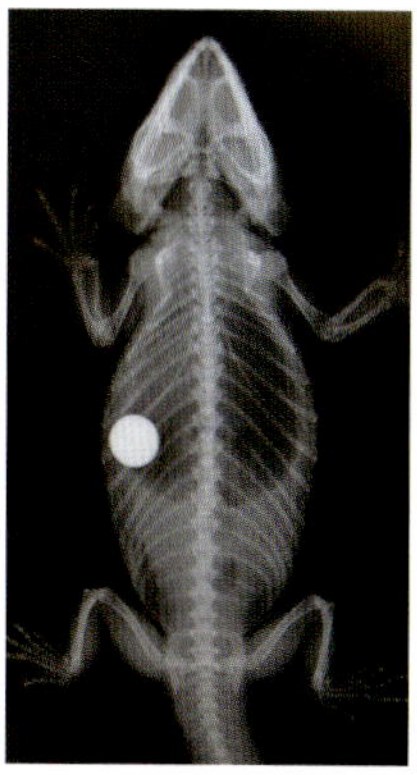

レントゲン検査で胃内にビー玉を確認

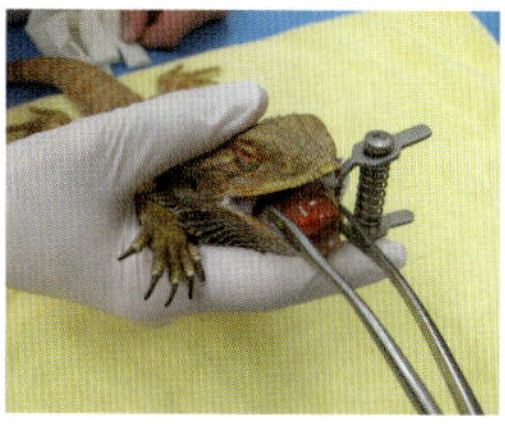

麻酔をかけて、鉗子を使って摘出しました

## 症例3 腎《じん》不《ふ》全《ぜん》

**●原因**　長期間の食欲廃絶に伴う慢性的な脱水

**●検査**　血液検査にて尿酸とリンの値、血液の濃度を測定した結果、腎不全とそれに伴う貧血と診断しました。

**●治療**　骨髄留置を行ない脱水の補正を行なうと同時に、腎不全により進行した貧血に対して輸血を行ないました。

**●予防**　食欲不振に気付いた際は、できるだけ早く原因を突き止め治療を開始することが大切です。フトアゴヒゲトカゲはあまり水を飲みませんが、水分をたくさん含んだ葉野菜の給餌は非常に重要です。

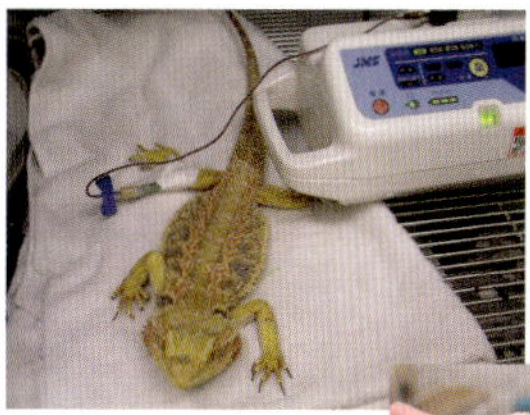

健康な個体から採血し、病気の個体に輸血している

新鮮な野菜を与えることで、脱水を防ぐことができる

# 病気に関するQ&A

ちょっとした症状でも、初心者にはわからないことばかり。ここでは初心者からよく聞かれる疑問をピックアップしてみました

## Q トマト汁のような排泄をする

生後2年くらいになるフトアゴですが、初めて排便後にトマトの汁のような排泄がありました。生理でしょうか？ 病気でしょうか？

## A 出血の可能性があります

フトアゴヒゲトカゲの糞便は通常濃い茶色から黒色です。また、爬虫類は子宮を持たないため、子宮壁がはがれ落ちることで生じる生理は起こりません。トマトの汁のような色の排泄物は消化管や総排泄腔、あるいは腎臓や尿管のどこかで出血している可能性があります。糞便検査、総排泄腔の視診、レントゲン検査、超音波検査、血液検査によって出血部位をできる限り特定し治療します。

## Q 下痢をする

フトアゴの糞についての質問です。下痢をしている時は、どんなケアをしてあげればいいのですか？ 下痢の時は、餌を与えてもいいのでしょうか？

## A 慢性的な下痢に注意

フトアゴヒゲトカゲが下痢をしている時は様々な原因が考えられます。興奮させたり、怒らせた時、あるいは長時間の温浴の後は過剰ないきみにより、まだ消化管内にとどまるべき糞便が排泄され下痢をします。フトアゴヒゲトカゲの成体は草食傾向が強くなります。嗜好性の良いコオロギなどの昆虫を一度にたくさん与えたときでも下痢することがあります。

注意しなければならないのは慢性的な下痢、つまり排泄する便が常に下痢である状態です。このような場合には、糞便検査を繰り返し行ない、寄生虫の有無を確認する必要があります。同時に消化管に隣接する臓器、卵管や卵巣に異常がないか、消化管内異物がないか確認します。原因を特定後、治療を開始します。消化管異物や他臓器の圧迫による消化管閉塞が認められた場合には、絶食させる場合もあります。

## Q 目ヤニが付いている

購入して間もない20センチほどの個体ですが、目ヤニが付いているようなのです。ウイルスの感染による症状でも目ヤニが出ると聞きましたが、これは何かの病気でしょうか？

## A 細菌感染や角膜外傷が多いようです

フトアゴヒゲトカゲの目ヤニが認められた場合、動物病院では目ヤニを採取して、顕微鏡検査を行ないます。同時に角膜の傷を確認するために角膜染色を行ないます。実際には細菌感染や異物による角膜外傷が多く、抗生物質の点眼薬で治療します。ウイルスの感染は完全に否定することはできませんが、一般的な動物病院ではウイルス感染の有無を確認できないのが現状です。

糞は健康状態など、様々な情報を教えてくれます。毎回チェックしましょう

健康な個体では、目の周りは汚れていません。目ヤニが気になる場合は、検査を受けましょう

## Q 足の指が変に曲がっているように見える

飼って1ヵ月になる、18センチぐらいのフトアゴなのですが、いつものように観察していて気が付いたのですが、足の一番長い指が変に曲がる様に見えるのです。骨が入ってるのかどうか、不安です。爬虫類を飼うのが初めてなのでわかりません。クル病なのでしょうか？ カルシウムは$D_3$入りを毎日1回、コオロギ数匹にまぶして与えています。

## A まずはレントゲン検査が必要でしょう

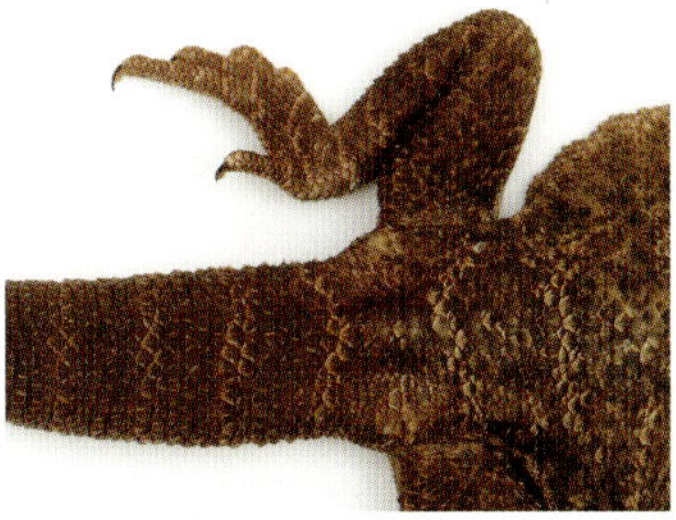

後ろ足の内側から4番目の指は特に長く、ケガをしやすい傾向があります

フトアゴヒゲトカゲはヒトと同じように前の足、後ろの足に5本の指があります。なかでも後ろ足の内側から4本目の指は、他の指と比べ長いのが特徴です。この指は他の指と比べ、ケージの金網や登り木にひっかかりやすく、飼育下では怪我や骨折が生じやすい傾向にあります。まずはレントゲン検査で指骨の状態を確認するとよいでしょう。

ある報告では、成長期のフトアゴヒゲトカゲに必要なビタミンD代謝物の血中濃度は、紫外線を1日にわずか2時間照射しただけで維持されるのに対して、ビタミンDサプリメントの経口投与では、ビタミンD代謝物の血中濃度は紫外線照射の18分の1しか上昇せず、成長期には不十分であると結論しています。多くの飼い主さんはビタミンサプリメントを好む傾向にありますが、成長期のフトアゴヒゲトカゲでは、ビタミンDのサプリメントには過度な期待をしないほうがよいかもしれません。

## Q 原虫症について

クリプトスポリジウムなど、原虫類に感染すると長生きしないと聞きました。追加購入したいのですが、今いる個体への感染が心配です。どんな症状が出るのでしょうか？ 購入時に感染しているか見分ける方法、感染予防方法などを教えてください。

## A まずは糞便検査をしましょう

クリプトスポリジウムはアピコンプレックス門に属する、とても小さな原虫です。ヒトを含む脊椎動物の消化管などに寄生します。トカゲ類に寄生して、病原性を示すクリプトスポリジウムは、2種類報告されています。トカゲがクリプトスポリジウム症を発症した場合、食欲不振、体重減少、嘔吐および下痢などの症状を示し、だんだんと痩せてきて死亡することが多いようです。

動物病院では、診断にはショ糖浮遊法を用いた糞便検査を行ないます。検出感度が低いため、5回から7回検査を繰り返すことが推奨されています。同時に遺伝子検査、好酸菌染色を行なうことで検出することもあります。新しくトカゲを迎える際には、まず動物病院で糞便検査をしてもらいましょう。感染が確認された場合は、徹底した隔離飼育が推奨されています。

## Q クル病について

フトアゴの病気でクル病が多いと聞きました。どのような病気なのか教えてください。またどうすれば予防できるでしょうか？

## A カルシウムの供給と紫外線照射が大切です

クル病とは代謝性骨疾患の別名です。食餌中のカルシウムが不足していたり、紫外線照射量が不足している場合に発生する病気です。骨からカルシウムが溶け出してしまうことで骨の軟化、脱力感、食欲不振、便秘、骨折、脊椎湾曲が見られるようになります。毎日の食餌にはカルシウムを加え、爬虫類専用の紫外線灯を照射することが大切です。

田向健一

田園調布動物病院院長。愛知県出身。1998年 麻布大学獣医学科卒業。幼少より動物好きで、それが高じて獣医師を目指す。爬虫類や小動物医療の経験が豊富で、エキゾチックアニマルの医療向上を目指して、診療、啓蒙を行なっている。また、フトアゴヒゲトカゲに関する学術論文もいくつか執筆している

●田園調布動物病院ホームページ　www5f.biglobe.ne.jp/~dec-ah/

# 「この本と共にフトアゴの魅力を、一人でも多くの方に伝えたい」

本書飼育アドバイザー／（有）ヨネヤマプランテイション
ペットエコ横浜 都筑店 キュート館フロアマネージャー
杉山耕一

Kohichi Sugiyama

お店のアイドル、ゾウガメのチャーリーと杉山氏

子供の頃、恐竜に憧れて、いつか恐竜を飼ってみたいと思った方も少なくないでしょう。フトアゴヒゲトカゲは、まさに容姿は小さな恐竜そのもの。トゲトゲした鱗や目つきから、さぞかし気の荒い生き物と思いきや、実は世界で一番馴れるトカゲといっても過言ではないくらい、とても温和な性格なのです。

そんなフトアゴは日本のみならず、世界的にも愛玩動物として大人気のトカゲです。ここまで人気になった理由として、次のような点が挙げられるのではないでしょうか。

冒頭で述べたような容姿と行動のギャップ。人を見つめて首をかしげる愛くるしい仕草。僕自身もそれにやられた一人です。ごはん欲しさに人の周りをうろうろしてみたり、ケージを開けると手に登ってきて肩に乗り、気づけば居眠りをしているなど、そのかわいさは尽きません。

そして、やはり飼い易さ。特に最近は、犬や猫を飼いたくてもマンションの規約で飼えなかったり、アレルギーのある家族がいたりと、住宅や家族の事情でペットの飼育をあきらめるケースが多いようです。そこで注目を集めているのがフトアゴです。フトアゴはトカゲの仲間では小型で、飼育スペースをあまりとらない、毛が無いため臭いが少ない、鳴き声をあげないなど、犬や猫と暮らせない方が新しい家族として迎え入れるケースが多くなっていると思います。お客様との会話で、フトアゴのことを「うちの子が」と話すのを聞いて、家族なんだなぁと実感し、ほのぼのとします。

さらには、繁殖が意外と簡単で、近年様々なカラーバリエーションが作出されています。繁殖にチャレンジするマニアも多く、初心者から上級者まで幅広い層に愛されるトカゲなのです。

個人的には、諸先輩方やお客様から貴重なお話や体験談を伺える立場を活かし、これからも様々な知識を身に付けていきたいと思っています。そして、この本と共にフトアゴの魅力を、一人でも多くの方に伝えたいと願っています。

最後に、この本に携わることで多くの方にご協力をいただき、大変感謝をしております。この本を片手にちびっこ達が、ご家族と一緒に遊びに来てくれることを楽しみにしております。

# 「犬、猫、フトアゴ」の時代

企画・制作担当／大美賀 隆

「猫みたいなトカゲ」少々強引かもしれませんが、私がフトアゴに抱いた印象です。正直な話をすれば、この本の制作を担当するまでは、フトアゴは他のトカゲと大差ないのだと思っていました。それが今では恥ずかしい（笑）。生き物は付き合ってみるまでは、わかりません。さらに彼らの個性は、一緒に住んでみないとわからないということです。

この本の企画が持ち上がったのは、2011年の年末のこと。とある雑誌の企画でフトアゴを扱うことになり、カメは飼育中（水生ガメを3種類飼育中です）であるものの観賞魚を本職とする私は、少々戸惑いながらもフトアゴの取材を進めました。

するとどうでしょう、フトアゴは撮影中も動じずにマイペース。勝手に私の腕に飛び付き、肩から頭の上に乗って鎮座…。かと思えば急に機嫌が悪くなり、口を開けて怒られたりと、何もかもが新鮮で驚きの連続でした。

シンプルな飼育器具をそろえれば誰にでも飼うことができ、スキンシップも可能とあらば、もっともっとこのトカゲを飼う人が増えるはず。しかし、です。フトアゴについて、いろいろ調べたくても、初心者に適当な本が見当たりません。インターネットのホームページやブログを見ても、人によって飼育スタイルがまちまち。これは困りました。取材で協力いただいたペットエコ横浜 都筑店の杉山耕一氏も、初心者向けのフトアゴの本がないことを指摘。ならばと企画を提案し、杉山氏や発刊元㈱エムピージェーの江藤有摩氏らと「愛のフトアゴ暮らし推進委員会」を結成。初心者が1冊は持っていたい本の発刊を目指すこととなったのです。

急な企画にもかかわらず、ペットエコ横浜都筑店の全面協力をいただけることとなり、杉山氏には本書の飼育アドバイザーとして、飼育方法に関する助言をいただきました。爬虫類売り場担当のスタッフの紹介で、とびきりのお客様を紹介いただいたのは、お宅訪問のページの通りです。また、爬虫類の飼育器具メーカーであるトリオコーポレーションの杉田氏にも企画に賛同いただき、撮影に使用する器具類のバックアップを申し出ていただきました。

病気のページでは、田園調布動物病院の田向健一院長に原稿執筆を快諾いただき、締め切り前にきっちりと原稿をアップしていただきました。春の忙しい時期（春は犬や猫の予防接種で動物病院が最も忙しい時期とされる）にもかかわらずです。ただただ敬服するのみであります。

そして本書のバックボーンとなるのが、㈱エムピージェーから発刊されている爬虫類・両生類の情報誌、通称ビバガこと「ビバリウムガイド」です。本書にはビバガで過去に掲載された写真が盛り込まれ、記事も参考としています。ビバガを指揮している冨水明氏にも、度々アドバイスをいただきました。

このように、様々な人々の協力無くしては、本書は出来上がりませんでした。この場をお借りして、皆様にお礼申し上げます。

お宅訪問でお会いした、みなさんの笑顔が忘れられません。今ではフトアゴは多くの人を幸せにするのだと確信しています。「犬、猫、フトアゴ」その時代が来ても、決して不思議ではないほどの魅力を備えているトカゲ、それがフトアゴヒゲトカゲなのです。

Takashi Omika

撮影中突然フトアゴに抱きつかれ（笑）、固まる大美賀

世界のプロブリーダーが使用する
No.1 レプタイルライト
※ZooMed社調べ
信頼と実績のレプタイルブランド
ZOO MED爬虫類研究所 SINCE 1977
アメリカ爬虫類業界のビッグ3が勧めるのもZOO MED
3人とZOO MEDとの付き合いは30年以上！
ヤモリの神様
ロン・トレンパー
言わずと知れた
Mr.パイソン
ボブ・クラーク
世界ではじめて赤い
アゴヒゲを作り出した
サンドファイアー
ドラゴンランチの
ボブ・メイラックス
■レプティサン5.0 UVB
ZooMed 零号機
世界中で最も売れている
元祖爬虫類ライト。全ての
爬虫類ライトのコアライト。
15W、20W、40W
■レプティサン10.0 UVB
ZooMed初号機
プロブリーダー絶賛のライト。
自然下と同じように生体
を覚醒させる。
15W、20W、40W
■コンパクトタイプ 10.0 UVB
ZooMed 弐号機
本当に10.0UVBの
出力量。
ビタミンD3形成
シンクロ率100%
※5.0 UVBも好評
発売中
26W
■パワーサン
ZooMed参号機
UVBをさらにパワーアップ、
砂漠・サバンナの太陽光を
再現！
UVB蛍光管+バスキングランプ=パワーサン
100W
■バスキングランプ
ZooMedの定番
ホットスポット
作成ライト！
25W、50W、75W、
100W、150W、250W
■インフラレッド
ヒートランプ
赤外線
保温電球
50W、75W、100W、
150W、250W
■ナイトライトレッド
ナイトライトと書いて
ありますが24時間使
える赤外線保温電
球。散光型。低価格
なところが大好評!
40W、60W、100W
■タートルタフ
水棲ガメ用のバスキング
ランプですが水適が飛ん
でも割れないのでオオト
カゲ等にも大好評です。
ハロゲンライトなのに
低価格
50W、75W、90W
フトアゴヒゲトカゲフード
■フトアゴヒゲトカゲ
カンフード（幼体用）
アゴヒゲトカゲの幼体が
必要な成分を全て含んで
いて、成長に必要な栄養
素を含んでいます。色揚
げ効果もあります。
170g
■カンオークリケット
コオロギの缶詰
34g
■カンオースーパーワーム
大型サイズのミルワームの缶詰
35g
■カンオーワーム
ミルワームの缶詰
35g
■カンオーミニワーム
小型のミルワームの缶詰
35g
■フトアゴヒゲトカゲ
カンフード（成体用）
アゴヒゲトカゲの成体が
必要な成分を全て含んで
いて、繁殖に必要な栄養
素を含んでいます。色揚
げ効果もあります。
170g
■カンオーミニクリケット
小型のコオロギの缶詰
34g
■カンオースネイル
カタツムリの缶詰
35g
■カンオーピラーズ
イモムシの缶詰
34g
■カンオーグラスホッパー
バッタの缶詰
35g
ZOO MED Japan Co., Ltd.
TEL 054-626-1145
FAX 054-626-1132
■世界をつなぐネットワーク
U.S.A. — E.U.(Belgium) — Japan
www.zoomed.jp
爬虫類も診れる
Verts Animal Hospital バーツ動物病院
ZOO MED アドバイザリーベテリナリー 高見義紀
〒812-0893 福岡県福岡市博多区那珂2-21-5 九創ビル1F
TEL 092-483-8281
爬虫類も診れる
田園調布動物病院
ZOO MED アドバイザリーベテリナリー 田向健一
〒145-0071 東京都大田区田園調布2丁目1-3
TEL 03-5483-7676

保温電球

バスキングライト

## BASKING LIGHT

25W/40W/60W/100W

爽やかな光の散光型ネオジウム球です。昼間のケージ内全体の保温に適しています。

保温電球

バスキングスポット

## BASKING SPOT

25W/40W/60W/100W

ケージ内に温度差をつけたり、ホットスポットを作るなど、狭い範囲を保温することに適した昼用集光型保温球です。

保温電球

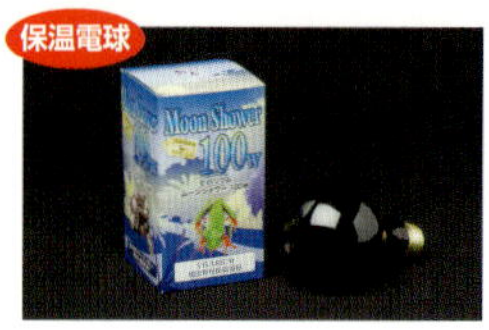

ムーンシャワー

## MOON SHOWER

40W/60W/100W

光をほとんど発しない夜型の保温球です。月のような優しい光がケージ内全体を暖める散光型です。

保温電球

ムーンスポット

## MOON SPOT

40W/60W/100W

光をほとんど発しない夜型の集光型保温球です。単独飼育・ケージ内の部分保温・昼光性爬虫類の夜間保温などに適しています。

保温電球

インフラレッドスポット

## INFRARED SPOT

25W 40W/60W New

皮膚組織に大きな浸透力を持つ赤外線を放射します。血液の循環を効率的に促し、少ないワット数でワンランク上の保温が期待出来ます。

紫外線蛍光灯

パワーUVB

## POWER UVB

15W/20W/30W/32W

紫外線はその波長により便宜上三種類に分けられています。パワー UVB はその中でも「爬虫類が体内でカルシウムを吸収するために必要なUVB」を特化して照射します。
強い紫外線を求める熱帯産・砂漠産のリクガメ・イグアナ等にオススメです。

紫外線蛍光灯

ソフトUV

## SOFT UV

15W/20W

多くの生物に必要な紫外線を極微量照射します。照射しておくことで生体の状態をより良く整え、成長を促進させます。特殊演色指数が優れており、原色を鮮やかに再現する明るいランプです。

サプリメント

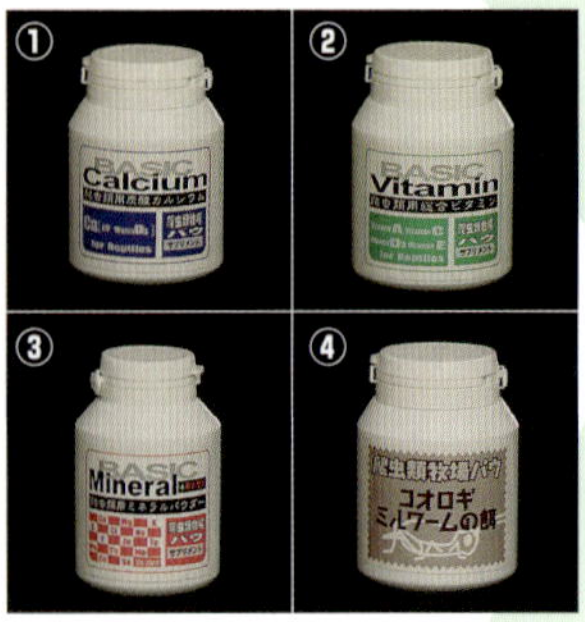

### ① CALCIUM カルシウム

152g

ビタミンD3を含まない炭酸カルシウムは、カルシウムを強く要求する爬虫類に最適です。

### ② VITAMIN 総合ビタミン

86g

週に一度の目安で餌や飲み水に入れて与えてください。使いやすい粉末タイプです。

### ③ MINERAL ミネラルパウダー

95g

炭酸カルシウムを中心に、マグネシウム・カリウム・鉄・ヨウ素・セレン・マンガン・キトサンなどの数十種のミネラルを配合。

### ④ CRICKET & MEALWORM FOOD

コオロギ・ミールワームのエサ 100g

活餌であるコオロギやミールワームの餌。タンパク質・カルシウム・ビタミンを豊富に配合。

サプリメント

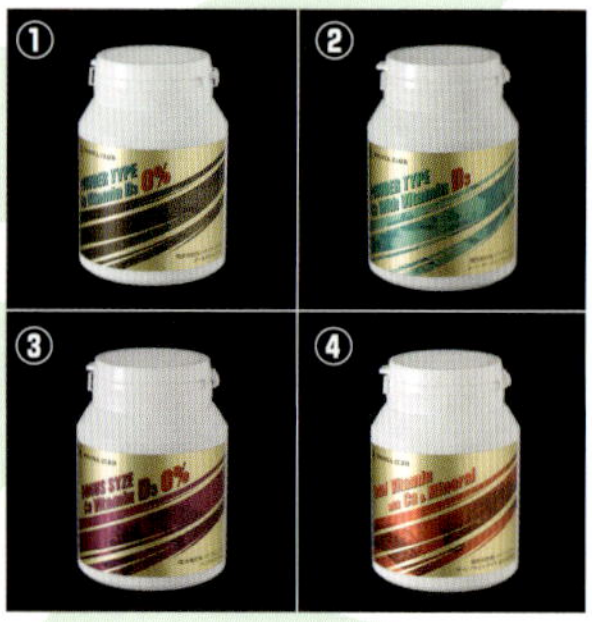

### ① GOLD CALCIUM ゴールドカルシウム

132g

蛎殻を原料とし、からめやすいように微粉末にした良質な炭酸カルシウム。ビタミンD3を含まない。

### ② RAINBOW CALCIUM+AD3

レインボーカルシウム+AD3 132g

ゴールドカルシウムにビタミンD3を添加した炭酸カルシウム。

### ③ KING CALCIUM キングカルシウム

200g

大型爬虫類用に大粒・徳用サイズのゴールドカルシウムを用意しました。

### ④ THE REPTILE SUPPLY

ザ・レプタイルサプリ 140g

各種ビタミン・ミネラル・カルシウム・キトサンをバランス良く配合した総合栄養剤。

床材

バークチップ

## BARK CHIP

4L

床材に最適なパインバーク（松の樹皮）。優しい香りが生体のストレスを和らげます。

床材

パームマット

## PARM MAT

4L・8L

天然ヤシ 100%。乾燥系から高湿度を好む生体まで幅広い要求に応えます。脱臭力が強く、優れた万能床材です。

床材

バーミキュライト

## VERMICULITE

300g

排水性と通気性に優れ、天然石を高温焼成しているため無菌です。産卵床・孵卵床として最適です。

給水器

ドリッパー

## DRIPPER

500cc・1000cc・4000cc

[S]500cc、[M]1000cc、[L]4000cc の三種類。
S,M にはフック付きも用意。衛生的で安全なローラークランプを採用。

ダニ駆除剤

レプタイルリンス

## REPTILE RINSE

100cc

ヘビ・トカゲ用のスプレーです。ダニを発見したら、体や飼育容器に直接噴霧してください。安全で効果的。

サプリメント

タートルフレッシュアイ

## TURTLE FRESH EYE

50cc

餌に混ぜてビタミンAを補える「カメ・爬虫類用ビタミン添加剤」です。週に一度、餌に数滴混ぜて下さい。

爬虫類専門飼育器具メーカー

# ポゴナ・クラブ POGONA CLUB

INFORMATION：株式会社ポゴナ・クラブ　〒333-0801 埼玉県川口市東川口 2-22-23　TEL.048-294-9404 FAX.048-294-9994

「元気」をつくる
産まれた時からず〜っと
月夜野ファームの味で育ちました。
(有)月夜野ファーム
〒379-1303
群馬県利根郡みなかみ町上牧2250
tel 0278-72-3708
fax 0278-72-1883
tsukiyonofarm.jp

執筆●愛のフトアゴ暮らし推進委員会
フトアゴの魅力を広めるため、ショップスタッフ、出版社社員、フリー編集者の有志で結成された委員会。本書の制作では初心者にもわかりやすく、より魅力を伝えられる本作りを目指した

撮影・制作●大美賀 隆
観賞魚の専門誌「月刊アクアライフ」の編集部を経てフリー。本書では企画・編集・撮影全般を担当。近著に「ベタ&グーラミィ　ラビリンスフィッシュ飼育図鑑」（エムピージェー）がある

STAFF

飼育アドバイザー● 杉山耕一
編集● 江藤有摩
デザイン● 小林高宏
写真協力● 冨水 明
取材協力● ヨネヤマプランテイション
協力● カミハタ、ジェックス、スドー
ZOO MED JAPAN、月夜野ファーム
田園調布動物病院、爬虫類倶楽部
ポゴナ・クラブ、みどり商会

# フトアゴヒゲトカゲと暮らす本

2012年8月10日　初版発行
2019年5月30日　5刷発行

著　者● 大美賀 隆
発行人● 石津恵造
発　行● 株式会社エムピージェー
〒221-0001
神奈川県横浜市神奈川区西寺尾2丁目7番10号
太南ビル2F
TEL.045(439)0160
FAX.045(439)0161
http://www.mpj-aqualife.com
印　刷● 図書印刷株式会社


ISBN978-4-904837-20-7
2019 Printed in Japan

※本書についてのご感想をお寄せください。
http://www.mpj-aqualife.com/question_books.html



参考文献

「ビバリウムガイド」No.29、No.33、No.37、No.52、No.57（以上エムピージェー）

「フトアゴヒゲトカゲマニュアル」（京都マグネティクス）

「ハープライフ」#022.5（オールリビングクリーチャーズ）